산티아고,
내 생애 가장 아름다운 33일

산티아고, 내 생애 가장 아름다운 33일

발행일	2024년 4월 24일		
지은이	배정철		
펴낸이	손형국		
펴낸곳	(주)북랩		
편집인	선일영	편집	김은수, 배진용, 김다빈, 김부경
디자인	이현수, 김민하, 임진형, 안유경, 최성경	제작	박기성, 구성우, 이창영, 배상진
마케팅	김회란, 박진관		
출판등록	2004. 12. 1(제2012-000051호.)		
주소	서울특별시 금천구 가산디지털 1로 168, 우림라이온스밸리 B동 B113~115호., C동 B101호		
홈페이지	www.book.co.kr		
전화번호	(02)2026-5777	팩스	(02)3159-9637

ISBN	979-11-7224-057-8 03980 (종이책)	979-11-7224-058-5 05980 (전자책)

(주)북랩 성공출판의 파트너

북랩 홈페이지와 패밀리 사이트에서 다양한 출판 솔루션을 만나 보세요!

홈페이지 book.co.kr   •   **블로그** blog.naver.com/essaybook   •   **출판문의** book@book.co.kr

---

작가 연락처 문의 ▸ ask.book.co.kr

작가 연락처는 개인정보이므로 북랩에서 알려드릴 수 없습니다.

산티아고,
내 생애 가장 아름다운 33일

배정철 지음

북랩

행복한 걸음

"도대체 그 길을 왜 걸으려고 하는 거야?"

"비싼 비행기 타고 그 먼 데까지 가서 걷기만 한다고?"

"한국에도 둘레길이 많은데 뭐 하러 거기까지 가?"

주위 사람들의 반응입니다. 그래도 가려고 마음을 먹은 이후로는 가야만 했습니다. 누가 가라고 등을 떠미는 일도 아니었고, 종교적인 이유도 아니었습니다. 몇 안 되는 인생의 버킷리스트 중에 하나라서도 아니었습니다. 알 수 없는 무언가가 나를 밀어붙였습니다. 떠나야 한다는 조바심으로 때를 기다렸습니다.

막상 떠날 때가 되니 걱정이 많았습니다. 매일 20km가 넘는 길을 걸을 수 있을까? 불볕더위가 기승을 부리는 한여름에 그늘도 없는 길을 걸을 수 있을까? 하지만 그런 걱정

을 덮고도 남을 설렘이 있었습니다. 낯선 곳, 낯선 길 위에
선다는 가슴 떨림이 좋았습니다.

　사람들이 가장 많이 걷는다는 프랑스 생장에서 스페인 산
티아고 데 콤포스텔라까지의 800km 코스인 프랑스 길을 걷
기로 했습니다. 산티아고 순례길 중에 이 길이 제일 길고 많
이 알려져 있습니다. 파울로 코엘류의 소설 〈순례자〉, 하페
케르켈링의 기행문 〈길에서 나를 만나다〉도 이 길이 배경
이고, 한국의 예능 프로그램 〈스페인 하숙〉의 무대도 바로
이 길, 프랑스 길입니다.

　800km를 완주하려면 걷는 날만 33일이 걸리고, 생장까지
가는 날과 돌아오는 여정을 포함하면 최소 37일이 필요합니
다. 직장을 다니면서 한 번에 완주할 시간적인 여유를 만들
수 없었습니다. 두 번에 나누어 걷기로 계획을 세웠습니다.
1차는 25일간의 일정으로 프랑스 생장(Saint-Jean)에서 레온
(Leon)까지, 2차는 17일간의 일정으로 레온에서 최종 목적
지 산티아고 데 콤포스텔라(Santiago de Compostela)까지.

　1차 순례(22.7.23~8.14, 생장 ~ 레온, 470km)는 여름방학을 이용
해서 다녀오고, 2차 순례는 이듬해 같은 시기에 갈 계획이

었습니다. 1차 순례를 다녀온 후, 2차 순례는 계획대로 할 수 없었습니다. 순례길 동반자인 아내의 암 투병으로 다음 일정은 기약할 수 없는 상황이었습니다. 다행히 아내는 병을 잘 이겨내고, '운탄고도 1330(강원도 영월 청령포 ~ 삼척 소망의 탑, 173.2km)'을 완주하는 모습으로 돌아와 주었습니다. 그래서 다시 배낭을 메고 2차 순례(23.10.3~17, 레온 ~ 콤포스텔라, 330km)를 떠날 수 있었습니다.

눈을 마주치며 서로를 격려하고, 같은 알베르게에서 잠을 자고, 같은 곳을 바라보며 같은 길을 걷는 동무가 있어서 하루하루 행복했습니다. 길을 걸으며 삶의 무게와 고민을 그 길 위에 내려놓으려 애쓰지 않았습니다. 내 삶의 고통이 무엇인지 찾고 치유하려는 노력도 하지 않았습니다. 그냥 걸었습니다. 매일 아침 해가 떠오르는 것이 기다려졌고, 매일 걸을 수 있다는 사실이 즐거웠고, 걷는 내내 행복했습니다. 그것이면 충분했습니다. 매일 길을 걷고 매일 글을 쓰는 내 생애의 가장 행복하고 아름다운 33일이었습니다.

일상으로 돌아온 지금, 매일 걷고 매일 쓴 글을 고치며 배낭을 메고 걸었던 길을 책상머리에 앉아 다시 걷고 있습니다. 걸어온 길을 더듬으며 마을 이름을 찾아보고, 지친 몸을 누이던 알베르게를 떠올립니다. 낯선 이들과 나누었던 눈인사를 추억합니다. 당시의 설렘이 다시 가슴을 두드립니다.

내 생애 가장 아름다운 날들, 그 33일간의 행복을 이 책에 담아, 여러분에게 나누어 드립니다. 행복한 걸음을 꿈꾸는 모든 분에게 용기와 행운을 빕니다. Buen Camino!

목차

제1부 산티아고 길 위에 서다

제2부 태양의 흔적을 따라 걷다

제1부

산티아고 길 위에 서다

제1화

산티아고 길 위에 서는 이유

산티아고, 내 생애 가장 아름다운 33일

드디어 출발

계획대로 잘하고 돌아올 수 있을까? 막상 배낭을 꾸려 여행길에 나서려니 설렘보다 걱정이 앞선다. 방콕에서 걷기 운동을 꾸준히 했고, 3년간의 파견근무를 마치고 한국으로 돌아와서도 자주 걸었다. 일주일에 이삼일 정도는 퇴근 후 뒷산에 올라갔다. 주말에는 15km 내외의 트레킹 코스를 찾아다녔다. 다리에 힘도 붙고, 걷기에도 어느 정도 재미가 든 상태다. 그래도 걱정이다. 계획한 20일, 400km가 넘는 길을 하루도 쉬지 않고 걸을 수 있을까?

배낭을 메는 것도 부담이다. 평소 트레킹 할 때는 배낭을 메지 않는다. 배낭을 멘다고 해도 짐이 많지 않고 크기도 작아 별로 신경 쓸 일이 아니었다. 산티아고 순례길에서는 10kg 무게의 배낭을 매일 메고 걸어야 한다. 몸이 견디어 줄까, 버티어 줄까? 너무 힘들어 중간에 포기하고 돌아오게 되는 건 아닐까? 발에 물집이 생기면 어쩌나? 몸이 아프면 어떡하나?

알베르게에서 낯선 사람들과 잠을 자야 하는 것도 걱정이다. 잘 때 코를 많이 곤다. 아내는 많이 무신경해졌다고 하지만, 그들은 무슨 죄인가. 나 때문에 잠을 설칠지도 모른다. 매일 25km 내외의 긴 길을 걷고 나면 나뿐만 아니라 다른 사람도 모두 피곤할 테고 누구나 코를 골지 모른다. 서로 골면 덜 미안하지만 그러면 내가 잠을 못 잔다. 남을 못 자게 하는 것도, 내가 못 자는 것도 걱정이다.

그중에서도 제일 걱정스러운 건 코로나다. 외국에 나갔다가 들어올 때 코로나 음성 확인서를 제출해야 비행기 탑승이 가능하다. 혹시라도 귀국쯤에 코로나에 걸리면 증상이 없어질 때까지 그곳에서 머물러야 한다. 호텔, 식사 등 비용도 걱정이지만, 이 시국에 외국을 나가서 코로나 걸려 귀국도 못하고 출근도 하지 못하는 상황을 상상만 해도 아찔하다. (2022.9.3자로 입국자 코로나 의무 검사는 해제됨)

산티아고 길 위에 서는 이유

그나저나, 나는 왜 산티아고를 가려고 하는 걸까? 종교적 신앙심이 있는 것도 아니고, 쉰 중반을 넘은 인생 후반기에 삶을 되돌아보고 성찰적 고행을 하겠다는 것도 아니다. 그렇다면 편하지도 않은 고생길을 걷겠다고 몇 달에 걸쳐 준비하고, 적지 않은 비용을 들여 실행하는 이유가 뭘까? 인천공항으로 가는 버스 안에서도 생각했다. 왜 이 길을 걷겠다는 생각을 가진 건지, 많지도 않은 버킷리스트에 버젓이 올려 오랫동안 꿈꾸어 온 건지, 막상 그 길의 출발선에 선 지금도 명확히 떠오르는 게 없다. 뭘까?

산티아고 순례자의 길에 대해 처음 알게 된 것은 책을 통해서이다. 파울로 코엘료(Paulo Coelho)의 〈순례자〉. 1987년 출간된 이 책에는 성 야고보, 콤포스텔라, 은하수길, 태양, 조개껍데기, 별이라는 말로 산티아고 데 콤포스텔라로 가는 순례자에 대한 환상을 심어 놓는다. 그랬다. 이 책을 읽고서 낯설고 삭막한 그곳에 꼭 가 봐야겠다는 마음을 먹었다. 그러면서도 걷기를 좋아하지 않는 나에게는 가능하지 않은 일이라는, 그저 막연한 바람이라는 생각에 버킷리스트에만 올려놓았다. 버킷리스트라는 건 '할 수 있는 것'이라기보다는 '하고 싶다'라는 막연한 희망이지 않나.

영화도 생각난다. 〈나의 산티아고, 독일어: Ich bin dann mal weg〉는 2015년 개봉한 독일 영화로, 하페 케르켈링의 기행문 〈길에서 나를 만나다〉가 원작이다. 무대 공연 중 과

로로 쓰러진 하페 케르켈링은 휴식이 필요하다는 것을 깨닫는다. 처음 갖는 긴 휴식에 적응하지 못하던 하페는 산티아고 데 콤포스텔라로 순례를 떠나 삶의 의미를 찾기로 결심한다. 갑작스럽고 뜻하지 않게 그리고 충동적으로 순례자의 길을 나서게 된다. 이 영화를 보면서 '무척이나 힘들겠구나!' 하는 생각보다는 '나도 가보고 싶다!'라는 생각이 더 들었다. 숙명처럼 책과 영화, 그 속의 이야기가 나를 이 길로 이끌었다.

아무럼 어떤가? 오랫동안 꿈꾸며 준비한 여행이다. 인생을 되돌아보겠다는 거창한 의미가 없으면 또 어떤가. 성 야고보의 종교적 숭고함이 없으면 어떤가. 길이 있으니 걷는다. 저마다 의미를 가지고 그 길을 걷는 낯선 동무가 있으니 걸을 수 있다. 걷다 보면 왜 이 길 위에 서 있는지 깨달음을 얻게 될지 누가 알겠는가. 낯선 길 위에 선다는 사실, 그 계획을 실행하는 것만으로도 가슴이 벅차다.

'그나저나 배낭은 왜 이리 무거운 거야. 내 마음을 비울 게 아니라 이 배낭 속의 짐부터 하나둘 비워야 하나?'

제2화

도하(Doha)에서 파리(Paris)로

\# 이동 : 인천 ~ 카타르 도하 ~ 프랑스 파리

낯선 사막의 향기

카타르 현지 시각 토요일 11:00.

인천공항에서 토요일 새벽 01:30 출발, 10시간 반 동안 비행하여 카타르 도하의 하마드(Hamad international Airport) 공항에 도착한다. 비행기 문이 열리고 카타르 공항의 전경이 눈앞에 펼쳐지는 순간, 저 멀고 광활한 사막의 열기와 습기를 가득 머금은 공기가 훅하고 사정없이 밀려와 몸에 부딪친다. 그와 동시에 몸속 어딘가에 남아 있던 오래된 기억의 흔적이 꿈틀거리며 세포를 하나둘 깨우더니 마침내 코끝 언저리에서 살며시 되살아난다.

'이런 냄새, 눅눅함, 이런 느낌이었던가?'

'아니야, 뭔가 다른데?'

그랬다. 아랍국가라 해도 18년 전, 2004년 2월 이집트 카이로 국제공항에 내렸을 때의 그 공기와는 확연히 다른 느낌이다. 카이로의 공기가 메마르고 건조했다면, 도하의 그것은 습하고 후덥지근하다. 얼굴뿐만 아니라 옷 속까지 습기가 끼쳐올 정도다. 다르구나! 하면서도 어딘가 서로 닮은 듯한 느낌이 강하게 드는 것은 '사막'이라는 단어 때문일까.

히잡을 쓴 사람들, 꾸불꾸불 아름다운 그림 같은 글씨가 많이 보이는 이곳은 역시 아랍이다. 카이로에서 4년을 산 기억과 추억 때문인지 이런 생소한 것이 전혀 낯설지 않다. 겨우 알아듣는 몇 마디의 아랍어가 오히려 정겹다.

"살라 마리쿰(안녕하세요)~, 쇼크란(감사합니다)~"

생장으로 가는 길

장거리 비행을 하는 경우 직항으로 바로 가는 것이 좋지만, 중간에 몇 시간 정도 환승하는 것도 고려할 만하다. 오히려 더 나을 수도 있다. 비즈니스석으로 여행하는 경우라면 몰라도, 좁은 이코노미석에 앉아 장거리를 여행하는 사람은 환승하면서 잠시 쉬어 갈 수 있어 좋다. 공항 내 카페에 앉아 쉬면서 사람 구경하는 재미는 덤이다.

카페에서 커피와 빵으로 간단히 요기하고, 환승해서 파리에 도착한다. 인천공항에서 01:30에 출발해 파리 샤를 드골 공항(CDG)에 20:30에 도착했으니, 총 19시간의 긴 비행이다. 카타르 도하에서 2시간의 환승 시간을 제외하면 비행기만

17시간을 탄 셈이다.

이렇게 긴 시간의 여행이 얼마 만인지…. 코로나가 진정되고 외국 여행을 다시 할 수 있게 된 것에 감사하면서도, 예전보다 비행 시간이 더 힘들게 느껴진다. 나이 때문인가 싶어 살짝 서글퍼진다. 여행은 한 살이라도 젊을 때 다녀야 한다는 말을 다시금 실감한다. '여행은 다리가 떨릴 때가 아니라 가슴이 떨릴 때 해야 한다'라는 우스갯소리에 마냥 웃을 수만은 없다. 그래도 아직은 버틸만하다. 함두릴라(괜찮아)~

파리에서 **생장**(Saint-Jean-Pied-de-Port)으로 이동한다. 이게 또 만만찮은 일정이다. **몽파르나스**(Montparnasse) **역**에서 출발하는 테제베를 미리 예약했다면 파리에 도착해서 하루 쉬고, 다음 날 아침에 움직이면 되는데, 테제베 예약을 못했다. 한국에서 예약할 수 있었는데 차일피일 미루다 예약이 늦어 남은 자리가 없다.

생장까지 가려면 바욘(Bayonne) 역에서 환승해야 하는데, 거기까지는 밤 기차를 탄다. 파리 **아우스터리츠**(Austerlitz) **역**에서 21:41에 출발하는 침대 열차다. 바욘 역에는 다음날 10:23에 도착이라 거의 13시간이나 걸린다. 몽파르나스 역에서 출발하는 테제베는 바욘까지 5시간이면 간다.

센(Seine)강을 따라 흐르는 시간

공항에서 아우스터리츠 역까지는 B노선 지하철(요금은 €10)로 이동한다. 아우스터리츠 역으로 가는 중에 환승역인 **생미셸 노트르담**(Saint-Michel Notre-Dame) **역**에서 내린다. 출발 시각까지는 시간이 많아 오랜만에 파리 구경도 할 셈이다. 목적지인 아우스터리츠 역까지는 2km 정도라 걸어서 30분이면 충분하다. 센(Seine) 강을 따라 천천히 걸어 노트르담 성당을 둘러본다. 몇 달 전에 노트르담 성당의 화재가 뉴스로 크게 보도되었는데 성당 바깥쪽으로 공사를 위한 펜스가 설치되어 있고, 지붕 쪽으로 검게 그을린 상처가 역력하다. 내부 공사도 한창인지 입장은 아직 안 된다. 보수공사가 오래 걸릴 듯하다. 우리와 달리 프랑스 국민에게는 공사를 빨리 마치는 것은 중요하지 않으니까.

노트르담 성당 근처 강변 카페에서 늦은 점심을 먹는다. 메뉴는 피자, 시원한 맥주 한 잔도 곁들인다. 한여름인데도 선선한 강바람이 불어 많이 덥지 않다. 유럽에 폭염이 덮쳐 사망자도 생겼다는데 걱정할 정도는 아니라 다행이다. 점심을 먹고는 강가 벼룩시장을 구경하며 센 강을 따라 천천히 걸어

내려간다.

마스크를 쓴 사람은 찾아보기 어렵다. 간혹 나이가 아주 많은 분 중에는 마스크를 착용한 분이 있지만 대부분 노마스크다. 마스크를 한 우리에게 시선이 쏠리는 것 같아 어쩐지 어색하다. 그래도 혹시나 싶어 꿋꿋하게 마스크를 쓰고 다닌다. 감염이라도 되면 여행이 낭패다.

몇 년 만에 다시 찾은 파리, 주말 강변은 사람들로 북적이며 한가롭다. 인생을 사랑하는 이들의 평화가 가득하다. 아름다운 삶이란 저들의 움푹 파인 주름에 새겨진 잔잔한 일상이 가득한 시간이 아닐까. 그 시간을 사랑하는 사람들이 서로의 손을 잡고 음악에 맞춰 흥겹게 빙글빙글 춤을 춘다. 파리의 시간은 강물을 따라 천천히 흘러간다. 언젠가 다시 이곳에 와서 저들의 느리고 한가로운 시간의 흐름 속에 한참 동안 있고 싶다. 깊은 주름에 새겨진 행복한 일상을 내 이마에도 한두 개쯤 새겨 넣고 싶다.

제3화

밤기차를 타고 생장(Saint-Jean)으로

파리 아우스터리츠(Paris Austerlitz) ~ 바욘(Bayonne)
바욘 ~ 생장(Saint-Jean-Pied-de-Port, €8.4)
숙소 : Chambres Zazpiak(€85, 2인실)

기차를 기다리며

파리 아우스터리츠 역에서 대기 시간이 너무 길다. 공항에서 아우스터리츠 역으로 바로 오지 않고 중간에 내려 파리의 망중한을 한참 즐겼는데도 늦은 밤 기차라 출발 시각까지 5시간 이상 남는다. 대합실 나무 의자는 딱딱하고, 사람이 많아 혼잡하다. 파리의 여느 지하철이나 다른 역과 마찬가지로 깨끗하지도 않다. 배낭을 두고 어디 잠깐 다녀오는 것도 걱정이다. 파리는 문화와 패션의 도시이지만 좀도둑과 소매치기가 많다.

몇 해 전, 파리 여행을 왔을 때다. 노트르담 성당에 입장하려고 줄을 서 있는데 뒤에서 누가 등을 툭툭 친다. 돌아보니 외국인 관광객이 등 뒤로 향한 가방을 앞으로 돌려 매라고 주의를 준다. 소매치기가 많다고 조심해야 한단다. 3년 전, 스페인에서는 눈 깜짝할 사이에 핸드폰을 잃어버린 경험까지 있으니, 걱정이 안 될 수 없다. 역사 안을 쭉 훑어보니 모두는 아니지만 내 눈에는 의심스러운 사람이 수두룩하다. 하긴 한국인의 우수한 손기술을 아는 자들은 오히려 내가 더 두려웠을 테지만.

혹시나 싶은 걱정에 배낭을 두 사람 사이에 두고 시간이 빨리 가기를 한동안 기다린다. 그런다고 시간이 빨리 갈 리가 있나. 시간이라는 녀석은 항상 반대로 간다. 빨리 가라고 바라면 언제나 더 느리게 가고, 붙잡으려고 안간힘을 쓰면 뿌리치고 쏜살같이 달려가는 게 시간이다. 마음을 거꾸로 먹는다고 될 일도 아니다. 시간이라는 녀석은 언제나 사람 마음을 훤히 꿰뚫어 본다.

답답하고 지루한 시간이 느릿느릿 흐르고 마침내 21:05, 출발 기차에 타라고 핸드폰 알람이 울린다. 파리 교통 앱인 'SNCF Connection'을 설치하고 티켓을 구매해 놓으면, 출발 시간 전에 승차 시간과 장소까지 알려준다. 그렇지 않으면 전광판을 자주 확인해야 한다.

6인실 침대 열차

예약한 침대칸은 6인실이다. 양쪽으로 3층까지 침대가 있고, 우리 자리는 좌우 3층이다. 침대 열차는 처음인데, 2층까지 있는 기차는 영화나 드라마에서 가끔 본 적이 있지만

3층으로 된 6인실은 처음 본다. 사다리를 타고 올라간 3층은 앉을 수도 없을 정도로 천장이 낮다. 얇은 침낭과 베개 하나가 침대에 놓여있다. 초저녁에는 덥다고 느꼈는데, 자다가 추워서 침낭에 들어가 잤다. 새벽에 깨어보니 코 고는 소리도 들리고, 그러다 다시 자다 깨다, 생각보다는 편안했다.

이른 아침, 잠에서 깨어 복도에 나와 빠르게 스쳐 가는 풍경을 바라본다. 이 나라도 참 넓은 땅을 가졌구나 싶다. 기차는 프랑스 남부의 중심을 지나 서남부로 길게 돌아간다. 빠르게 달리지만 섰다 가기를 반복해서 시간이 오래 걸린다. 기차는 중간 기착지에서 배낭을 멘 사람, 자전거를 끄는 여행객을 우르르 쏟아낸다. 타는 사람은 거의 없다. 바쁜 파리지앵이 긴 여름휴가를 남부의 한적한 동네에서 보내려는 모양이다.

밤을 지나 새벽을 뚫고 날이 한참 밝은 후에 바욘 역에 내린다. 바욘 역에서 생장까지는 1시간 거리다. 기차는 바로 연결되지 않고 좀 기다려야 한다. 역사 매점 앞에 있는 테이블에 앉아 글을 쓰는 데 정신이 팔려, 그만 기차를 놓쳤다. 다음 기차는 3시간 뒤에 온다. 그 와중에 글 쓰고 앉아 있던 나와 하릴없이 넋 놓고 앉아 있던 아내 중에 누구의 잘못인지를 따지며 잠시 실랑이하다가, 예정에 없던 바욘 동네 구경을 하기로 한다. 여기서 서로 잘못이라고 싸워 기분 상하면 여행이 엉망이 된다는 걸 서로가 알기 때문에 서로 조금씩 참고 타협한다. 역에서 나와 쎙떼스쁘히(Saint-Esprit) 다리를 건너 **바욘 대성당**(Cathédrale Sainte-Marie)까지 갔다가 강변을 따라 다시 역으로 돌아오는데 두어 시간 걸린다. 어느 성당에서도 본 적이 없는 대성당 돔의 채색과 빨강과 흰색 우산으로 설치 미술을 해 놓은 듯한 골목길이 오랫동안 기억에 남는다. 강변 카페에서 한가로이 앉아 있는 사람들은 한여름의 따가운 햇볕도 축복인 양 즐기기에 여념이 없다. 기차를 놓친 덕분에 사랑스러운 바욘을 가슴에 담았다.

순례자 여권을 만들고

바욘에서 다시 기차를 갈아타고 생장으로 간다. 두 칸짜리 지하철 같은 소박한 열차인데 좌석은 정해져 있지 않다. 이 열차에 탄 사람은 모두 생장에서부터 시작하는 프랑스 길 순례를 하려는 순례객이다. 모두 들뜬 모습, 상기된 얼굴로 창밖을 바라보고 있다. 드디어 생장에 도착.

생장(Saint-Jean-Pied-de-Port)은 '고개 기슭의 성 요한'이라는 뜻으로 피레네 산기슭에 위치한 지리적 위치 때문에 붙여진 이름이다. 원래 마을은 1177년 사자왕 리처드(Richard the Lionheart)의 군대에 의해 완전히 파괴되었으나, 나바르(Navarre) 왕이 현재 위치에 다시 세웠다. 이 마을은 전통적으로 산티아고 데 콤포스텔라(Santiago de Compostela)로 순례하는 세인트 제임스 길(Way of St. James)의 중요한 지점이자 프랑스를 거쳐 오는 많은 순례자의 중심 도시 역할을 하는 곳이다.

순례자는 우선 **순례자를 위한 안내소(Pilgrim Informa-tion Office)**에서 순례자 여권을 만든다. 안내소가 어디인지 몰라도 내리자마자 사람들이 우르르 몰려가는 곳으로 그냥 따라가면 된다. 이곳에서 내리는 사람은 모두 순례자 안내소로 가기 때문이다. 사무실에는 나이 지긋한 자원봉사자가 여권(발급 비용은 €2)에 이름과 국적, 출발하는 날짜를 적고 확인 도장을 찍어준다. 여권에는 순례 도중에 확인 도장(sello)을 찍을 수 있는 72개의 빈칸이 있다. 빈칸에 하나둘 도장을 찍어 채우는 재미가 있다. 배낭에 성 요한의 상징인 조개 껍데기를 매닮으로써 단순한 여행객에서 진정한 순례자가 된다.

이제 모든 것이 준비되었다. 오늘은 이곳 생장에서 쉬고, 내일 아침부터 본격적인 순례 시작이다. 산티아고 순례를 버킷리스트에 올린 지가 20년 전인가? 막연히 생각했던 일이 바로 눈앞에 다가왔다. 가슴이 쿵쿵거린다.

제4화

_____

피레네(Pyrénées)산맥을 넘다

\# 걷기 1일 차
\# 생장 ~ 론세스바예스(Roncesvalles)
\# 26.3km / 7시간 48분
\# 숙소 : Roncesvalles Pilgrims Hostel(€14, 2층 침대)

설레는 가슴으로

산티아고 순례길의 첫 코스인 생장에서 피레네산맥을 넘어
가는 날이다. 7월 말의 한여름, 한낮에는 30도를 훌쩍 넘는
더운 날씨라 아침 일찍 출발하는 것이 좋다. 05:00, 나와 보
니 여전히 깜깜하다. 낮에 보았던 주위의 산과 능선은 희미
한 모습조차 보이지 않고 단지 하늘의 별만이 점점이 박혀
밝게 빛난다.

천천히 짐을 챙겨, 05:48에 출발, 일출 시각은 06:48. 어느
정도 올라가면 날이 밝아 오겠지. 휴대전화 불빛에 의지해
낯선 산행을 시작한다. 이른 아침의 선선한 공기 덕분에 걷
기가 좋다. 밤새 잠을 설쳤지만, 들뜬 마음 때문인지 아드레
날린이 온몸을 휘감은 듯 기운이 솟는다. 얼마나 기다리고
준비해 온 순례인가!

오기 전에 읽었던 여러 가지 안내 책에도, 먼저 다녀간 이
들의 글에도 이 첫 번째 코스, 첫날이 무척 힘들다고 했다.
그래서 처음부터 욕심부리지 않고, 큰 배낭 하나는 동키 서
비스(요금 €8, 국경을 넘어가는 코스라 가격이 더 비쌈)를 이용해서 다
음 숙소로 보냈다. 첫날, 배낭을 멘 멋진 모습으로 시작하고

싫었지만 무릎 생각을 해야 한다. 출발부터 삐끗하면 걷는 내내 힘들테고 그러면 전체 일정에 차질이 생길 수 있으니 욕심내지 않는 것이 좋다.

유럽 본토와 남서부의 이베리아반도 사이를 가로지르는 피레네산맥의 이 길은 오래전 프랑스의 샤를마뉴 대제와 나폴레옹도 넘으며 힘들어했던 곳이라고 하지 않던가. 피레네라는 이름은 그리스 신화에 나오는 요정 피레네에서 따왔다고 하는데, 프랑스와 스페인이라는 나라가 생기기 전부터 두 지역 문화권을 구분하는 천연적인 국경 역할을 해왔다. 그런 곳을 넘어가는데 어찌 겸손하지 않을 수 있겠는가.

피레네 산맥을 넘어

더운 날씨를 예상하고 반바지에 반소매 차림으로 작은 배낭에 물과 간식만 넣어서 출발. 배낭을 메지 않아 몸이 가볍다. 길은 처음부터 오르막이지만 날이 어두워 플래시가 비추는 바로 앞만 보고 걸으니 별로 힘든 줄 모른다. 오를수록 서서히 밝아지며 풍경도 시야에 들어온다. 고도가 조금씩 높아질수록 저 아래 낮은 언덕과 그 사이사이에 자리 잡은 빨간 지붕의 집들이 이채롭다.

8km 지점, 700m 고지에 있는 **오리손(Orisson) 산장**에 도착한다. 출발한 지 세 시간 만이다. 커피와 토르티야(tortilla) 한 조각을 주문해서 순례길의 첫 아침 식사를 한다. 산 아래가 보이는 길가 테이블에 앉았는데, 갑자기 주위가 안개로 덮이면서 안개비가 내린다. 안개와 함께 찬 기운이 몰려와 기온이 확 내린 듯 춥다. 작은 배낭에 판초 우의라도 넣어 왔어야 했는데 비 소식은 없었고 더운 날씨만 예상했다. 낭패다. 바람막이 점퍼를 입었는데도 몸이 오들오들 떨린다. 계속 걸으면서 체온을 높일 수밖에 다른 도리가 없다.

12km 지점에 반가운 푸드 트럭이 있다. 늙수그레한 주인장이 우리가 한국인인 줄 대번에 알아보고 '안녕하세요~'라고 반갑게 인사를 한다. 한국인이 많이 지나가는 모양이다. 과일과 커피, 간식거리를 준비해 순례자를 맞이한다. 계속되는 오르막과 예상치 못한 추위 때문에 힘들지만, 주위의 경치를 보는 재미에 고생인 줄 모른다. 올라갈수록 끝없이 펼쳐진 높고 낮은 산들이 이곳이 험준한 피레네산맥임을 말해준다. 안개가 깔린 구릉 사이사이 산양과 말이 풀을 뜯는

다. 오도독오도독 풀 뜯어먹는 소리가 내 귀에도 참 맛있게
도 들린다. 고산지대의 깨끗한 이슬을 머금은 신선한 풀이
얼마나 맛있을까. 목동은 보이지 않고, 산양과 말뿐이다.

생장에서 론세스바예스까지 가는 길은 두 갈래다. 오리손
산장을 지나 피레네 정상을 넘어가는 길과 피레네 옆 계곡
을 따라 발카를로스(Valcarlos) 마을을 지나는 아랫길이 있
다. 피레네 정상을 넘어가는 길은 나폴레옹 군대가 지나던
길이라 하여 나폴레옹 길(Route de Napoleon)이라고도 불린
다. 이 길은 겨울에 온 눈이 3~4월까지도 녹지 않고 남아 있
어 그 시기에는 길이 자주 폐쇄된다. 길이 폐쇄되지 않으면

대부분 순례객은 정상을 넘어가는 코스를 택한다.

나폴레옹 길의 정상은 **레푀더 고개**(Alto de Lepoeder 1425m)다. 이곳까지가 생장에서 20km가 좀 넘고, 고개를 넘고부터는 내리막길이다. 내리막 초기에는 바위와 돌이 많아 걷기 불편하고 경사가 심하다. 험한 구간을 지나고 나면 점점 울창한 숲길이 이어진다. 숲 사이로 짙게 깔린 안개에 젖은 나무의 검은빛이 안개의 흰빛과 묘한 대비를 이루면서 숲의 신비로움과 영험함을 불러 일으킨다.

숲길을 따라 내려와 오늘의 숙소에 도착하니 아직 오픈(14:00~15:00) 전이라 먼저 온 이들이 줄을 길게 서 있다. 동키로 보낸 배낭이 혹시나 길을 잃지 않았을까 걱정했지만, 무사히 와 있는 걸 보고 안도한다.

산티아고 순례길의 첫날, 피레네산맥 정상을 넘는 코스를 걸어 7시간 48분 만에 무사히 도착한다.

이곳은 론세스바예스다.

제5화

순례길에서 만난 냥이와 멍이

\# 걷기 2일 차
\# 론세스바예스 ~ 수비리(Zubiri)
\# 23.0km / 6시간 50분
\# 숙소: Albergue Zaldiko(€45, 2인실)

산티아고, 내 생애 가장 아름다운 33일

알베르게 첫 경험

2일 차 순례를 시작한다. 날이 밝아 올 시각인데 날이 흐려 밖은 여전히 어둡다. 비까지 보슬보슬 내린다. 기온은 13도. 더위 걱정을 많이 했는데 오히려 춥다. 추위도 보통 추운 게 아니다. 목에 작은 수건을 두르고, 마스크, 장갑에 판초우의까지 입고도 겨우 버틸 정도다. 전날도 산을 넘으며 추위에 엄청 떨었는데 오늘도 만만치가 않다. 날씨는 내 뜻대로 할 수 없는 노릇이니 도리가 없다. 주어진 대로 받아들이고 걷는 수밖에.

오늘은 **론세스바예스(Roncesvalles)**에서 **수비리(Zubiri)**까지 23.0km 거리다. 론세스바예스는 피레네산맥을 넘어와 만나게 되는 작은 마을이다. 높은 산맥을 넘어온 순례자에게 지친 몸과 마음의 쉼터를 제공하는 중요한 곳이다. 오레아가(Orreaga)라고 불리기도 하는데, 론세스바예스의 바스크식 이름으로 '가시 골짜기'라는 뜻이라고 한다.

알베르게에서의 첫날은 독특하고 낯선 경험이었다. 큰 회랑 같이 넓은 공간에 수십 개의 이층 침대가 있고, 남녀 구분 없이 배정받는 곳이 자기 자리다. 자리는 온 순서대로 주어지고 일행이 둘이면 2층 침대의 아래위층에 배정을 받는다. 얇은 침대보와 베개만 제공되고 담요는 없으니(설령 담요가 제공되더라도 벼룩이 있을 수 있으니 알베르게의 담요는 가급적 사용하지 않는 것이 좋다), 개인적으로 준비한 침낭을 사용하거나 옷을 입은 채로 자면 된다. 2층 침대 두 개가 서로 마주보게 배치되어 있고, 따로 칸막이가 없어 맞은편 침대의 아래위가 훤히 보인다. 맞은편 침대의 순례자와 어쩔 수 없이 한 방에서 지내는 셈이다. 2층 침대 위쪽은 모두 개방되어 밤에 코 고는 소리가 여기저기서 들리는데 누가 어디서 코를 고는지는 정확히 알 수 없다. 그래서 다행이다.

어설픈 기도와 경고

알베르게 가까운 곳에 롤링의 성 십자가상이 있는 경당이 있다. 소박하고 아름다운 곳이다. 경당 중앙에 성 야고보의 성상이 있고, 작고 긴 의자 몇 개가 놓여 있다. 배낭을 멘 채 잠시 서서 이번 순례가 계획대로 될 수 있게 보살펴달라고 기도한다. 평소에 믿음도 없는 나의 간절함이 얼마나 전달될지는 모르지만, 이른 아침 아무도 없는 이 작은 경당은 나의 어설픈 기도를 꼭 들어줄 것만 같아 마음이 편안해진다.

교회 앞 도로를 건너며 순례길 시작이다. 어제 넘어온 산길과는 다르게 평평한 길이라 걷기에 좋다. 이 정도면 계획했던 것보다 더 길게 걸어도 되겠다는 오만한 생각이 살짝 든다. 어제는 피레네산맥도 넘어왔으니 이런 길쯤은 얼마든지 걷겠구나!

그런 생각을 하던 차에, 숲길 끝에서 커다란 개를 만난다. 이 녀석이 순례자에게 반갑게 인사하는 모양이구나 싶어 다가가니 갑자기 으르렁대며 달려든다. 뒤따라오던 다른 사람들도 모두 놀라서 멈춰 서고, 혹시나 하는 마음에 모두 한참을 꼼짝도 하지 않고 녀석과 대치 상태, 이 녀석도 돌부처처럼 서 있다. 새벽 산책을 우리가 방해한 모양이다. 하긴 우리가 객이고 저 녀석이 이 동네 주인인 것을. 한참을 노려보다 한두 번 짖더니 제 집을 찾아간다. 문득, 그 녀석이 나에게 경고를 보낸 것이라는 생각이 든다. 길이 좋다고 욕심내지 말고, 무리하지 말고 천천히 겸손하게 가라고 주의를 준 거였다. 경당에서의 나의 어설픈 기도와 걷기에 대한 오만한 생각을 이 녀석은 어떻게 알았을까?

오른편으로 돌아 포장도로를 따라가면 작은 마을이 나온다. 사람은 한 명도 보이지 않고 작은 차 두 대가 겨우 지나갈 정도의 좁은 도로 양옆으로 이층의 아담한 집이 쭉 늘어서 있다. 하얀 벽에 난 창문 가에는 빨갛게 꽃이 핀 작은 화분이 놓여있다. 이 아름다운 마을은 **부르게테**(Burguete)다. 길모퉁이 폐가를 빌려 작은 카페를 하면 좋겠다. 이 마을은 12세기에 순례자 숙소가 생기면서 순례를 나선 무역업자와 귀족들이 마을을 찾아 번성하게 된 곳인데, 세계적인 문호 헤밍웨이의 소설, 〈태양은 다시 떠오른다〉에 등장해 한 때 유명세를 타기도 했다. 도로와 집 사이에 좁게 난 인도를 따라 기분 좋은 걸음을 이어간다.

길가에서 만난 냥이와 멍이

마을을 빠져나와 들판으로 들어서는 길목, 마을과 어울리지 않은 현금지급기가 있고, 그 앞에 새끼 고양이 두 마리가 다소곳이 앉아 있다. 어미는 어디론가 먹이를 구하러 갔는지, 가랑비에 젖은 모습이 애처롭다. 사람을 보고도 도망가지 않고 가만히 앉아 쳐다본다. 뭔가 먹을거리가 있었으면 좋았을 텐데 물 말고는 가진 게 없어서 녀석들에게 미안했다.

작은 개울을 건너는데 저만치서 또 한 녀석이 뛰어온다. 야옹~ 하고 불렀더니, 쪼르르 다가온다. 누가 보면 내가 집사인 줄 알겠다. 아예 따라올 작정이다. 가다가 서면 녀석도 서고, 다시 걸으면 졸졸 앞서간다. 한국으로 데리고 와서 '산티아고'라 부르며 기르고 싶은데 그럴 수는 없어 아쉽다. 넓은 들판에는 하얀 소들이 한가로이 풀을 뜯고, 구름은 낮게 내리깔렸다. 비는 보슬보슬 내리고, 바람이 불어 쌀쌀하다. 추우면 판초 우의를 입고, 그러다 더워지면 벗어 배낭에 걸고 걷는다.

들판을 2km 정도 지나 **에스피날**(Espinal)이라는 작은 마을에 들어선다. 길 저편에 있는 교회가 참 아름답다. 어디선가 멍이 한 마리가 옆에 와서 다리에 얼굴을 비빈다. 털이 복슬복슬한 골든레트리버다. 이 종은 스코틀랜드 출신의 중형 견종인데, 매우 온화하고 사교성 좋다. 그래도 그렇지,

냄새도 낯선 내게 이리 다정한지, 같이 사진을 찍자고 했더니 흔쾌히 앉아서 응해 준다. 바닥에 드러눕기까지 한다. '나에게서 익숙한 냄새라도 나는 건가?'

마을을 지나 다시 산길, 오르막과 내리막이 길게 이어진다. 전날에는 메지 않았던 배낭의 무게도 점점 무겁게 느껴진다. 종아리와 허벅지에서 힘들다는 신호가 부산스럽게 올라온다. 출발할 때는 얼마든지 걸을 수 있을 것 같았는데, 이렇게 몇 시간이 지나지 않아 힘들어 한다. 론세스바예스에서 수비리까지 거리는 안내 책자에 나와 있는 거리보다 더 길다. 손목시계(Garmin) 측정으로 23km다. 첫날인 어제보다는 짧은 거리지만 배낭 때문인지 더 힘들다. 빨리 알베르게 찾아서 쉴 생각뿐이다.

수비리에 도착해서 2인실 알베르게를 구했다. 코로나가 아직 종식되지 않은 시기라 알베르게 여유가 있어서 미리 예약은 하지 않았다. 좀 편하게 쉬고 싶어서 2인실에 묵었다. 샤워하고 누웠는데 갑자기 오들오들 떨리고 온몸에 열이 펄펄 끓는다. 이런 걸 '순례앓이'라고 해야 하나. 생장으로 오는 야간 기차에서 에어컨 바람 바로 밑인 3층 칸에서

차게 잔데다가 첫날 피레네산맥을 넘으면서 찬 기운이 몸속으로 파고들었나 보다. 가지고 온 해열제와 감기약을 이것저것 챙겨 먹고, 침낭 속으로 들어가 이불 두 개를 모두 덮고 땀을 흘리면서 한참을 잤더니 열이 좀 내린다. 아내는 무리하지 말고 하루 더 쉬고 가자는데 나는 계획대로 할 거라고 우긴다.

갈 수 있다고 우기긴 했는데, 내일 아침에 일어날 수는 있을까? 여기는 수비리다.

제6화

순례견 히끼를 만나다

걷기 3일 차
Zubiri ~ Pamplona(팜플로나)
23.0km / 7시간 32분
숙소 : Pension Escaray(€50, 2인실)

산티아고, 내 생애 가장 아름다운 33일

준비가 부족했나?

현재 시각 06:51, 해는 떴고 날은 밝았다. 기온은 13도. 긴 팔 이너에 반소매 셔츠와 바람막이 점퍼까지 입고, 목에 손수건도 두르고 출발한다. 그러다가 10시경이 되면 날이 더워져 하나둘 벗고, 개울이라도 있으면 발을 담그고 한참 쉬어간다.

06시 전후로 출발하면 14:00 경에는 목적지에 도착하고 다음 날 출발까지 거의 15~16시간의 여유가 있다. 낮잠 자고, 빨래하고, 글 쓰고, 맥주 마시고, 걷는 시간보다 놀고먹는 시간이 더 긴데도 몸이 아프니 쉬는 게 쉬는 게 아니다. 낮에 걸을 때는 편도가 부어서 조금 불편한 정도지만 알베르게에 들어가면 오한과 열 때문에 심하게 앓는다.

몸이 계속 아프니 오기 전에 준비가 부족했나 하는 생각이 든다. 한낮과는 기온차가 많이 나는 쌀쌀한 새벽 기온을 고려한 옷도 필요한데 준비를 못했다. 비가 올 때는 기온이 더 떨어진다. 얇은 바람막이로는 충분하지 않고, 보온이 되는 등산 외투 하나 정도 챙겼어야 했는데. 걷다가 더워지면 벗어서 배낭에 걸고 다니면 별로 불편하지도 않다. 배낭 무게 때문에 짐을 줄인다고 외투 하나 챙기지 않아 감기에 걸려 후회 막심이다.

게다가 이제 겨우 사흘째인데, 발바닥이 아프다. 15km 이후에는 통증을 참기 힘들 정도다. 한국에서 유명 연예인이 광고하는 좋은 트레킹화를 구입해서 여러 달 신어보고 잘 길들여 왔는데, 아무래도 트레킹화는 장거리에는 적합하지 않은 것 같다. 산티아고 순례길은 바닥이 평평한 구간도 있지만 돌이 울퉁불퉁한 구간도 많다. 산을 넘거나 들판의 비포장도로를 걷는 구간이 길어 발바닥 통증을 예방하는 신발이 필수다.

타이거와 닮은 히끼

라라소아나(Larrasoana) 마을을 지나서는 개울을 오른쪽에 끼고 낮은 산길을 걷고 또 걷는다. 한참을 지나 어제 만났던 프랑스 젊은 친구들을 다시 만났다. 이 친구들은 다른 순례자와 다르게 볼 때마다 가던 길을 멈추고 말을 건다. 중년의 한국인 부부가 신기해 보였을까, 아니면 걷는 게 힘들어 보여 걱정스러웠을까. 어제 라라소아나까지 왔으니, 우리보다 한참 앞서가야 하는데, 아마도 아침에 출발을 늦게 한 모양이다.

한국에서 왔냐고 묻기에, 6개월을 준비해서 왔다고 했더니 깜짝 놀란다. 주말마다 20~30km를 걸으며 연습도 했다고 했다. 나는 나이가 들었고, 이 길을 걸으며 죽고 싶지는 않다고 했더니 한참을 웃는다. 자기들은 파리에서 왔다고 한다. 파리에서는 기차 타고 몇 시간이면 생장이고, 피레네 산맥만 넘으면 스페인이니 바로 이웃 아닌가. 젊은 친구들이야 몇 개월 동안 준비할 것도, 주말마다 걷기 연습을 해야할 이유도 없다. 젊음이 잠시 부러워진다.

마을 끝에서 0.5km 아스팔트 도로를 걷고 다시 비포장도로다. 허리 높이의 갈대 사이에 난 작은 길을 따라 걷는 걸음이 가볍다. 팔을 들어 갈대에 손을 얹어 본다. 손바닥으로 생명의 싱그러움이 간질간질 전해온다. 얼마 지나지 않아 다시 오르막. 그래도 날씨가 화창해서 다행이다.

10km 지점, **수리아인(Zuriain)** 마을 입구의 작은 다리 건너 바(bar)에 사람들로 북적인다. 장사를 안 해본 내 눈에도 가게는 이런 곳에 열어야 한다는 걸 바로 알 수 있을 정도

로 목이 좋다. 순례자들이 힘들고 지칠만한 위치에 딱 자리 잡고 있다. 음식 맛도 좋고, 커피 맛도 일품이다. 주인장은 요리할 때 다른 주문을 아예 받지도 않는다. 주문받은 요리를 서비스한 다음에야 다음 사람의 주문을 받는다. 요리라야 스페인식 샌드위치인 보카디요(bocadillo)나 타파스(tapas), 계란프라이 정도인데도 자부심이 대단하다.

배낭을 벗고, 음식을 주문하고 기다리는데, 저쪽에 한번 본 적이 있는 순례견이 있다. 이틀 전, 론세스바예스 알베르게 뒤뜰에서 누군가 텐트를 치고 있었는데, 처음에는 야영객인 줄 알았다. 그 텐트가 이 녀석 잠자리였던 거다. 아빠랑 두 아들, 딸 한 명과 히끼(셰퍼드 종으로 이름이 히끼), 다섯 가족이 순례 중이다. 녀석도 음식을 기다리는지 얌전히 앉아 더위를 토해내며 숨을 헐떡이고 있다. 덩치가 아주 큰 녀석인데 목줄도 차지 않았다. 그런데도 순례객 누구도 히끼를 무서워하지 않고, 히끼도 대체로 무관심이다. 녀석은 아빠만 졸졸 따라다니는 아빠바라기 순둥이다.

히끼를 보니 타이거 생각이 났다. 타이거는 2004년 카이로 한국학교에서 같이 살던 셰퍼드다. 부임해 갔을 때는 닭장에 갇혀 있었다. 아이들 안전 문제 때문에 가두어 키운 모양인데 엄청 사나웠다. 야간 경비하는 친구가 저녁에 풀어 놔도 되냐고 해서 그러라고 했더니 아침 출근 때까지 묶어 놓지 않아 놀랐는데, 풀어놨더니 이 녀석이 순해졌다. 잔디밭에서 마음껏 뛰어다니고 놀았으니 얼마나 좋았을까.

아침에 출근하면 냉큼 달려와서는 내 어깨에 두 발을 걸치고 얼굴을 마구 핥곤 했다. 이집선 직원들 밥값보다 더 비싼 사료를 사다 먹였다. 임기 마치고 귀국할 때쯤, 같이 지내던 검둥이 따라 마실 나갔다가 차에 치여 엉치뼈를 크게 다쳤다. 수의사가 수술이 안된다고 해서 한동안 돌보다 안락사를 시켜 묻어 주고 왔다. 히끼가 타이거랑 너무 닮았다. 히끼도 타이거를 생각하는 내 마음을 아는지 쓰다듬는 손을 다정히 받아 준다.

유쾌한 스페인 할머니

시원한 콜라와 커피 한 잔을 마시고 다시 걷기 시작한다. 12km 지점부터는 다시 오르막 산길이다. 특별한 경치를 구경할 만한 것도 없고, 뭔가 성스러운 느낌을 받을 만한 것

도 없다. 이 길을 걸으면 가슴이 무언가로 가득 채워질 것
으로 기대했는데 전혀 그런 기미가 없다. 그러다가 문득 그
런 길인가 싶다. 얻는 길이 아니라 버리는 길, 채우는 길이
아닌 비우는 길, 생각과 고민을 가만히 내려놓는 길. 얻기
위해서가 아니라 버리고, 비우기 위해 이 길에 서 있는 것이
아닌가.

산길을 내려오니 작은 도시, **부를라다**(Burlada)다. 두 번
째 들른 약국에서 처방전 없이 타이레놀 비슷한 약을 구입
했다. 첫 번째 들어간 약국에서는 목 아프고 밤에 열이 많
이 난다고 했더니 코로나인 줄 알았는지, 약사가 겁을 먹고
는 처방전 없으면 약 못 준다고 해서 그냥 나왔다. 하긴 나
도 걱정되어 아침에 코로나 진단키트로 검사를 해 봤다. 이
왕 코로나에 걸리려면 지금쯤 미리 걸려야 귀국 비행기 타
고 갈 때쯤에는 나아서 갈 수 있을 텐데, 그래도 음성이라
다행이다.

도로를 따라 걷고 있는데 머리가 하얗게 센 자그마한 스
페인 할머니가 다가오더니, "코리아?"라고 반갑게 인사를 한
다. 영어를 전혀 몰라서 대화가 제대로 되질 않는다. 서로
무슨 말을 하는지도 정확히 모르면서 한참이나 이야기를

나눈다. 말은 통하지 않았지만 얼굴을 마주보고 눈을 마주치는 것만으로도 왠지 알 것도 같다. 한국 사람을 좋아하는 건지, 한국을 좀 아는 건지 모르지만 밝게 맞아주는 느낌에 기분이 으쓱해진다. 이곳 사람은 지나가다 사람과 마주치면 "올라(Hola)~"하고 인사하고, 순례객이다 싶으면 어김없이 "부엔 카미노(Buen Camino)~"하고 행운을 빌어준다. 반면에 제주도 올레길에서 만나는 사람 중에 인사하는 사람은 찾기 힘들다. 강원도 운탄고도를 걸을 때 만난 대부분의 사람은 자기 동네에 '운탄고도'가 있다는 사실조차도 잘 몰랐다.

큰 공원과 아랍 동네를 지나고, **팜플로나(Pamplona)** 성곽을 지나 드디어 구시가지에 도착했다. 나보다 먼저 도착해서 짐을 풀고 나온 낯익은 얼굴도 더러 보인다. 팜플로나는 지나온 마을과는 다르게 1200년 전, 나바라(Navarra) 왕국의 옛 수도라 그런지 거리에 사람이 북적인다. 순례객뿐만 아니라 관광을 온 사람도 많다.

이곳에서는 스페인 3대 축제 중의 하나인 **산 페르민(San Fermin) 축제**가 열린다. 산 페르민 축제는 스페인의 북부 나바라주의 수호성인이자 3세기 말 주교였던 산 페르민을 기

산티아고, 내 생애 가장 아름다운 33일

리는 축제로, 헤밍웨이의 소설 〈해는 다시 떠오른다〉에 소개되어 세계적으로 잘 알려진 스페인의 대표 축제이다. 이 축제 기간에는 매년 100만 명 이상의 관람객이 방문한다고 한다.

사람들로 북적이는 골목에는 순례객과 여행객의 웃음소리와 진한 커피향이 어우러져 삶의 생기가 넘쳐난다. 헤밍웨이가 자주 갔다는 카페 이루나(Iruna)를 지나 까쓰띠요 광장(Palza del Castillo) 뒤편에 위치한 숙소에 무거운 배낭을 내려놓는다.

현재 시각은 14:28, 이곳은 팜플로나다.

오후에는 팜플로나 대성당을 잠시 둘러보고 대기 줄이 긴 맛집에서 빵을 몇 개 샀다. 그리고는 숙소에 들어와 밤새 끙끙 앓았다. 감기는 여전하고 편도가 많이 부어 말하기조차 힘들지만, 아직 발에 물집이 생기지 않아 그나마 다행이다. 시원한 맥주 한 잔이 간절하다.

제7화

—

천천히 걸어서 끝까지

걷기 4일 차
팜플로나 ~ 푸엔테 라 레히나(Puente la Rehina)
25.38km / 8시간 37분
숙소 : Hotel Rural el Castillo(€65, 2인실)

산티아고, 내 생애 가장 아름다운 33일

도심 카페에서의 모닝커피

 현재 온도는 14도, 여전히 초가을 날씨다. 오늘 이동 경로는 좀 긴 편이다. 전체 길이가 25km가 넘는다. 팜플로나에서 시수르 메노르(Cizur Menor), 페르돈 고개(Alto del Perdon)를 넘어서 우테르가(Urtega), 오바노스(Obanos)를 지나 푸엔테 라 레이나까지 가는 코스다. 순례 안내서에 이 코스는 오르막도 많지만 내리막을 더 조심해야 한다고 나와 있다. 해발 770m인 페르돈 고개까지 13.2km 거리고, 나머지 절반의 거리는 내리막이다.

 아침부터 날씨가 맑은 걸 보니 낮에는 덥겠다. 헤밍웨이가 사랑했다는 까스띠요 광장의 **카페 이루나**로 다시 갔다. 아침 식사 겸 커피 한잔하려는데 문이 닫혔다. 하긴 이런 이른 시각에 카페 문을 열 리가 있나. 전날 오후에 왔어야 했는데 몸이 아파 일찍 숙소로 들어가는 바람에 기회를 놓쳤다. 헤밍웨이가 자주 와서 커피 마시며 사람들과 어울리던 곳으로 유명한 카페라 꼭 커피 한잔하고 싶었는데.

 "이 카페에서 커피 한잔 마시면 헤밍웨이의 글발을 좀 받을 수 있지 않을까 했는데, 안타깝네!"

아내가 어이없어한다. 카페 문 위에 1888년이라고 표기되어 있으니, 이 카페가 134년이나 되었다는 뜻이다.

구도시 성곽을 빠져나오면 낮은 건물의 현대식 건물이 늘어서 있는 신시가지다. 이 나라 출근 시간치고는 좀 이른 시간이지만 카페에 오는 사람이 제법 많다. 시골의 한적한 골목의 카페도 좋지만, 도심 한복판 큰 도로 옆 카페도 나름의 맛이 있다.

국립 나바라대학교를 지나면서 서서히 도심을 벗어난다. 나바라대학교는 1952년에 설립된 사립대학이다. 2022년 현재, 재학생이 12000명이 넘는다고 한다. 부지가 굉장히 넓어 마치 큰 공원 속을 걷는 듯한 착각이 들 정도다.

5km 지점에 시수르 메노르라는 작은 마을이 있다. 마을이 조용하고 아늑하다. 지붕 낮은 집, 울창한 플라타너스 가로수, 나이 들면서 자꾸 이런 곳이 마음을 끈다. 조만간 이른 은퇴를 하고 이런 마을에서 책 읽고, 여행 다니고, 글 쓰는 삶을 살고 싶다는 생각이 자꾸 든다.

걸으면서 하는 걱정

걷기 4일 차인 오늘은 다른 날보다 걷기가 편하다. 허리와 허벅지, 장딴지의 근육통이 심했는데 제법 익숙해졌는지 통증이 덜하다. 배낭의 무게도 훨씬 덜 느껴진다. 환경에 가장 잘 적응하는 동물이 인간이라는 말을 실감하게 된다. 하긴 적응하지 않으면 어쩌겠는가. 몸도 마음도 주어진 환경을 순순히 받아들이는 모양이다. 그래야 편해진다.

순례길을 걷는 그 많은 시간 동안 무슨 생각을 할까? 아침에 출발할 때는 아내와 이런저런 이야기를 많이 나눈다. 아침의 날씨에 대해서, 오늘 컨디션에 대해서, 아침 식사는 어디서 하고, 점심은 어떻게 해결할지, 오늘 하루 안전하고 행복한 걸음을 위해 서로 격려하는 등 대화를 많이 한다. 그러다가 서서히 말없이 혼자 걷는 시간이 길어진다. 걷기 시작한 지 몇 시간이 지나고 몸이 더위에 지치면 말수가 저절로 적어진다. 몸이 힘들어 말하기조차 귀찮아진다. 발바닥에서부터 전해오는 통증이 다리와 허리, 그리고 어깨로 전해져 몸의 움직임을 최대한 줄여 고통을 최소화하기 위해 걸음에만 집중하게 된다.

걸음에 집중하며 먼지 나는 들판을 뚜벅뚜벅 걷는 것도 잠시, 어느덧 쏟아지는 강렬한 햇볕 탓인지 머리가 어질어질하다. 그 틈 사이로 이런 생각 저런 생각 온갖 상념과 걱정이 불쑥불쑥 파고든다. 물통에 물이 충분하지 않은데 어디쯤에서 식수를 구할 수 있을까? 발에 물집이 잡히지 않아야 할 텐데 발은 왜 이렇게 아플까? 오늘 밤에는 목 상태가 좀 나아져서 뒤척이지 않고 잠을 좀 잘 수 있을까? 핸드폰 배터리가 숙소에 도착할 때까지 남아 있을까? 예약한 숙소는 깨끗하고 편안할까? 가는 길에 점심 식사를 할 만한 곳은 있을까? 걸으면서도 오늘 하루를 살아내기 위한 자잘한 문제를 끊임없이 생각하고 또 생각한다. 무엇을 먹고, 어디서 자고, 어떻게 안전하고 건강하게 또 하루를 보낼 것인가 하는 걱정. 걱정을 내려놓고, 마음을 비우고, 소소한 고민과 괴로움을 떨쳐버리기를 바라면서 이 길 위에 섰는데 여전히 걱정에서 벗어나지 못한다.

'그래, 햇볕 때문이야. 이렇게 속수무책으로 쏟아지는 한여름 스페인의 뜨거운 햇볕을 너무 많이 쬐어서 머리가 좀 이상해진 거야.'

머리를 흔들며 고개를 드니 끝없는 밀밭이 시야에 들어온다. 밀밭에는 추수가 이미 끝나, 짚단만이 여기저기 쌓여 있고, 해바라기는 무거운 머리를 꺾은 채 말없이 서 있다. 밀밭의 황금빛과 해바라기의 노랑과 초록빛이 어우러진 구릉진 들판에는 사람의 손으로 만들어낼 수 없는 장엄한 그 무엇이 깃들어 있다. 그러다 문득, 끝없이 펼쳐진 밀밭 사이로 난 길 위에 앞서가는 사람의 모습이 한 장의 사진처럼 시야에 잡힌다.

인생은 걷는 것

  마을을 빠져나와 한참을 밀밭 사이를 오르락내리락 걷는다. 뜨거운 한낮의 날것 그대로의 햇볕을 피할 곳이 없다. 저 앞쪽에는 앞서 걸어간 이들이 보이고, 뒤쪽으로는 같은 길을 묵묵히 걸어오는 이들이 있다. 길을 걷는 이유를 물어보지는 않았지만 저마다 자기만의 이유가 있지 않을까. 버킷리스트를 실행하기 위해서 온 사람, 딸이나 아들과 함께 추억을 만들기 위해 온 사람, 대학을 졸업하고 사회생활을 시작하기 전에 새로운 다짐을 위해 온 사람, 종교적인 믿음을 스스로 시험해 보기 위한 사람, 아니면 그저 걷는 것이 좋아서 온 사람. 이유야 아무렴 어떤가. 삶도 제각각이듯 이 길 위에 선 이유도 제각각이어야 어울린다.

인생은 걷는 것에 자주 비유된다. 인생은 장기 레이스이니 서두르지 말고 천천히 자기 페이스를 유지해야 한다고 한다. 오르막과 내리막이 있듯, 기쁘고 즐거운 일도, 괴롭고 힘든 일도 있는 법이다. 인생의 어느 한순간 잘못된 길로 들어서기도 하고, 그 길을 되돌아오거나 한참을 둘러서 와야 하는 일도 생긴다. 걷는 것이 그렇듯 우리 삶도 그렇다. 먼저 간 이도 도착한 곳이 거기요, 나중에 간 이도 마침내 그곳에 도착한다. 누가 먼저 가고 늦게 가는 것은 그리 중요하지 않다. 그곳까지 가는 과정 하나하나, 오늘 하루를 어떻게 보내느냐에 따라 길 위에 선 이유와 의미가 달라지는 것이다. 날이 밝지 않은 이른 새벽, 나보다 먼저 간 이들이 밝히는 희미한 불빛과 걸음 덕분에 길을 헤매지 않고 걸을 수 있음에 감사하듯, 오늘도 이 길 위에 함께하는 사람들이 있음에 감사하다.

팜플로나에서 13.2km 지점, 산 정상(770m)까지 올라왔다. 순례하는 사람과 당나귀 모형의 철제 조형물이 있고, 기념

탑도 세워져 있다. 나라바 조각가 빈센테 갈베테(Vincente Galbete)가 콤포스텔라로 향하는 순례길을 주제로 만든 설치 작품이다. 이곳이 바로 유명한 **페르돈 고개(Alto del perdon)**이다. 페르돈은 '용서'라는 뜻이다. 용서의 언덕은 용서를 빌고 용서받는 곳일까? 아니면 같이 걷는 사람, 가까이 있는 사람이 지은 죄를 용서하는 곳인가? 죄 많은 내 인생을 어찌 다 아는지 아내는 내가 그동안 지은 죄를 모두 용서해 준다고 한다.

언덕 중간에 서면, 오른쪽으로는 이곳까지 걸어 지나온 팜플로나 들판이 있고, 왼쪽으로는 우테르가(Uterga)로 내려가는 평원이 길게 펼쳐져 있다. 여기서부터 1.5km 구간이 가파른 내리막이다. 내리막 경사가 심하고 자갈이 많아 미끄럽다. 앞서 다녀간 사람들이 내리막을 조심해야 한다는 곳이다.

내리막길을 지나 17km 지점, 우테르가 마을에 도착한다. 마을이 참 깨끗하고 예쁘다. 어느 집 담장 위에는 버려진 순례자의 신발에 작은 선인장과 다육식물이 예쁘게 자라고 있다. 여기저기 구멍 나고 해어진 순례자의 신발에도 새로운 생명이 깃들 수 있음을 이 집주인은 말하고 있음이리라.

19.3km 지점, 낮고 조용한 마을, **무루자발(Muruzabal)**이다. 기온은 24도. 늘 그렇듯 목적지에 도착하기 30분 전의 길이 지루하다. 마음은 벌써 알베르게의 침대 위에 누웠으나 몸은 여전히 이곳에 있기 때문이다. 그나저나 오늘은 숙소 예약을 잘못해서 에피소드가 하나 생겼다.

숙소 예약을 며칠 전에 미리 하는 것이 아니라 길을 걸으면서 틈틈이 알아보고 다음 숙소를 예약한다. 오늘은 욕조가 있는 숙소에서 반신욕도 하고 피로를 풀려고 좋은 숙소를 잡는다는 게 그만 실수를 하고 말았다. 목적지인 푸엔테라 레이나에서 16km나 떨어진 **라라가(Larraga)** 지역에 있는 숙소를 예약했다. 전화했더니 취소하면 환불은 안 된단다. 택시가 없는 동네라 차를 보내준다고 해서 타고 갔더니 요금이 €30, 아침에 나오는데 다시 €30, 1인으로 예약했는데 2인이 왔다고 €15를 더 내라는 걸 €10로 깎았다. 욕조도 없는 방이었다. 가격으로만 치면 순례길의 특급 호텔이다. 살다 보면 이런 멍청한 짓을 아주 말짱한 정신으로 가끔 하게 된다.

여기는 푸엔테 라 레이나에서 16km 떨어진 라라가이다.

제8화

아름다운 시로키(Cirauqui) 마을

걷기 5일 차
푸엔테 라 레이나 ~ 에스테야(Estella)
22.69km / 6시간 58분
숙소 : Albergue de Peregrinos de Estella (€8, 2층 침대)

축제를 기다리는 사람들

06:26. **푸엔테 라 레이나**에서 16km나 떨어진 라라가 숙소에서 어제 타고 갔던 차를 다시 불러 돌아왔다. 차를 타고 이동하는 건 순례기간 동안 결코 하지 않으리라 생각했지만 이번 일은 피치 못한 사정에 해당하는 것이라고 스스로 위안 삼는다. 사실 숙소에서 다음 목적지인 에스테야로 바로 갈 수도 있었지만, 순례길에 충실하고 싶어 거금 €30을 들여 전날 도착한 지점까지 되돌아왔다.

순례자 중에는 코스 몇 구간을 버스를 타고 건너 뛰는 소위 '점프'를 하는 경우가 있다. 영화 〈나의 산티아고〉에서 주인공 하페 케르켈링은 걷기 힘들다는 이유로 몇 번 점프한다. 순례 중에 몸이 아프거나, 물집 등으로 걷기가 힘들거나, 시간적인 여건이 안 될 때 그러기도 한다. 지독한 몸살감기에도 굴하지 않고 계획대로 밀고 왔는데 그깟 돈 몇 푼에 굴복할 수야 없지 않은가.

차에서 내려 순례길을 표시하는 노란 화살표를 찾아 골목 안으로 들어왔더니, 어제 거하게 치른 축제의 흔적이 여기저기 남아 있다. 골목 구석구석에 쓰레기가 쌓였고 청소부와

청소차가 정리 중이다. 골목 안에 큰 울타리가 마련되어 있는 걸 보니, 여기에 축제 때 달리기하는 황소를 임시로 가두어 두는 모양이다.

팜플로나의 산 페르민 축제에서 중요한 행사가 엔시에로(Encierro)라는 황소 달리기다. 아침 8시, 성당의 종소리가 울리면 우리에서 풀려난 황소가 골목길을 따라 투우장으로 달려가는데, 황소 앞이나 옆에서 사람들이 같이 달리면서 위험한 놀이를 즐긴다. 팜플로나에서 그리 멀지 않은 이곳에서도 비슷한 축제를 즐기나 보다.

레이나 다리로 가는 골목길 양쪽으로 좁고 긴 테이블이 길게 놓여있고 하얀 옷에 빨간 스카프를 매고 아침 식사를 하는 마을 주민 수백 명이 앉아 있다. 곧 있을 황소 달리기에 참여할 모양이다. 황소 달리기에 대한 기대 때문인지 지나가는 나에게도 손을 흔들고 환호성을 지르며 흥분을 감추지 못한다. 이런 축제가 1주일간 이어진다. 제대로 즐기며 놀 줄 아는 사람들이다.

레이나 다리(Puente la Reina)의
아름다운 이야기

골목 끝에 있는 레이나 다리(Puente la Reina)로 갔다. 가운데 부분이 살짝 솟은 고풍스러운 이 다리는 흔히 '여왕의 다리'라고도 불린다. 산초 3세 왕의 아내인 무니아도나 왕비가 순례자를 위해 아르가 강 위에 6개의 아치형 로마네스크 다리를 건설했다고 한다. 자선을 베푼 왕비의 고운 마음과 함께 아름다운 전설이 스며 있다. 이 다리의 경당에 성모자상이 있는데 매일 작은 새가 부리로 강물을 떠 와 성모자상에 흘리고는 날개로 닦아주었다고 한다. 이 행동을 본 주민들은 성모자상을 '작은 새의 동정녀'로 부르며 매일 그 새를 기다렸다고 전해진다.

아름다운 이야기가 스민 레이나 다리가 있는 이곳 푸엔테 라 레이나는 프랑스 아를에서 출발하여 송포르(Somport)를 거쳐 피레네산맥에서 흐르는 물줄기가 만나는 아라곤 강을 따라 이어지는 아라곤 길(Camino Aragones)과 프랑스 길이 만나는 곳이다. 산티아고로 가는 중요한 두 순례길이 만나는 작지만 역사적인 마을이다. 축제 참가자들의 환호성을

뒤로하고 레이나 다리를 건넌다.

기온은 18도, 한낮에는 27~28도까지 올라간다는 예보다.

오늘은 걷기 5일 중에서 컨디션이 가장 좋다. 몸도 어느 정
도 적응이 되었다. 감기 기운도 없어지고 입안의 편도도 편
안하다. 약간 흐린 날씨에 바람 또한 시원하다.

왕비의 다리 건너 좌측으로 돌아 도로를 건너 가며 본격

적인 걷기 시작이다. 걷기 초반에는 속도를 늦춰서 조금 천천히 걷는 것이 좋다. 몸이 서서히 열을 내고 엔진을 가동할 준비를 하도록 삼십 분에서 한 시간 정도 그러고 나면 걷기가 훨씬 쉬워진다. 그런데 오늘은 삼십 분이 지나고 나서부터 가파른 오르막이다. 1km 이상 계속 오르다보니 엔진에 과부하가 걸려 땀이 비 오듯이 쏟아지고 숨이 목까지 찬다. 다리가 마른 땅속으로 푹푹 빠져든다. 출발할 때 좋았던 컨디션은 온데간데없이 마치 개펄을 걷듯이 펄 속에 박힌 발을 뽑아 한 발 한 발 옮기는 게 벅차다.

아름다운 시로키(Cirauqui) 마을

마네루(Maneru)라는 작은 마을, 골목 카페에 자리를 잡는다. 카페 콘 레체와 하몽 샌드위치로 단촐한 아침식사. 여기나 저기나 흥이 많은 사람이 있기 마련인데, 접시 차림을 한 친구가 이른 아침에 골목 카페에서 기타를 치며 노래를 부른다. 너도나도 일어나 손뼉 치며 흥겨워한다. 순례 중에 이런 친구가 있어 좋다. 밋밋한 순례를 풍성하게 만들어 준다.

기타까지 가지고 다니려면 얼마나 힘들까? 알베르게에서도 이런 친구를 가끔 만난다. 피곤한 몸을 산뜻하게 풀어주는 피로회복제다.

마네루 마을 끝에 공동묘지가 있고, 돌아 나오면 바로 포도밭이다. 포도밭 저 너머에 있는 마을이 커다란 중세의 성(城)이 있는 것처럼 보이는데, 자세히 보니 언덕 위에 여러 집이 모인 형상이다. 그리 높지 않은 언덕의 중간부터 정상까지 집이 빼곡히 차 있고, 언덕 아래 넓은 흙길과 마을 너머 먼 산맥의 기다란 절벽이 절묘하게 어우러져, 이탈리아 토스카나 지방의 어느 성을 닮은 듯한 모습이다. 그래서인지 이곳이 산티아고 순례길 중에서 가장 아름다운 길이라고 꼽는 사람이 많다. 마을의 이름은 **시로키**(Cirauqui). 오늘 순례 구간 중에 볼만한 단 하나의 풍광이다.

7.5km 지점, 멀리 보이던 시로키 마을로 들어선다. 이 마을은 가까이에서 보는 것보다 멀리에서 보는 게 더 아름답다. 마을 중심으로 난 길을 따라 올라가는데 고소한 빵 굽는 냄새가 발길을 잡아당긴다. 냄새에 이끌려 들어간 빵집에서 점심용 초콜릿 크루아상 하나만 사서 나왔다. 많이 사면 남긴다. 나중에 길가에 앉아서 맛을 봤는데, 더 많이 사

지 않은 걸 후회할 정도로 맛있었다. 시로키 마을 빵집에서는 빵을 넉넉히 사도 절대로 남지 않는다.

가파르지 않은 오르막 끝이 바로 마을 뒤쪽이다. 성곽의 뒷문으로 나온 듯, 길은 뒤쪽 들판으로 길게 뻗어 있다. 그 길을 따라 무료하고 심심하고 따분하게 6km를 걸어 **로르카(Lorca)** 마을에 닿는다. 카이로의 타이거를 닮은 순례견 히끼를 다시 만났다. 어제 그 일행 중 큰아들 무릎이 안 좋아 힘들어해서 동전 파스도 붙여주고, 방콕에서 사 온 특효 관절 약도 한 봉 줬는데, 오늘은 무릎 보호대까지 하고 있다. 아빠도 한쪽 무릎에 보호대를 찬 걸 보니 다들 힘든 모양이다.

히끼 가족은 오늘 마드리드 집으로 돌아간다고 한다. 아이들도 히끼도 많이 힘들어해서 다음에 다시 올 거라고 한다. 그냥 헤어지기 아쉬워 히끼를 끌어안고, 카이로에 묻어두고 온 타이거를 생각하며 사진을 한 장 찍었다. 건강하게 잘 지내라. ADIOS AMIGO~

히끼 가족을 뒤로하고 18km를 걸어 역시나 조용한 마을 **비야투에르타(Villatuerta)**에 도착. 들판에 내려앉은 낮은 구름을 따라 걷는 길, 그늘도 없는 뜨거운 태양 아래 걷는

길. 어쩌면 이런 단순하고 무료한 길이 콤포스텔라로 가는
진정한 길일까? 몸이 아닌 마음으로 걸어야 하는 길일까?

어제의 멍청한 호사를 만회하는 마음으로 오늘은 소박한
공립 알베르게에 짐을 내려놓는다.

여기는 생장에서 120km를 걸어온 에스테야다.

산티아고, 내 생애 가장 아름다운 33일

제9화

이라체(Irache) 포도주 농장을 지나

걷기 6일 차
Estella ~ 토레스 델 리오(Torres del Rio)
29.15km / 8시간 52분
숙소: Hostel San Andres (€12, 2층 침대, 다인실)

서로를 배려하는 마음

오늘 가장 길게, 오래 걸었다. 원래 계획은 에스테야에서 로스 아르코스(Los Arcos)까지 21~22km 정도 걸을 예정이었다. 내일 코스(로그로뇨까지 28km)가 길어 컨디션이 괜찮은 오늘 조금 더 걸었는데, 계획보다 더 걸을 수밖에 없는 사정이 생겼다.

05:40에 기상. 더 일찍 일어나 준비하는 사람도 있고 여전히 잠을 청하고 있는 이도 있다. 많게는 한 방에 40~50명씩 자기도 하니 아침 풍경도 여러 가지다. 이른 새벽에 출발하는 이도 있고, 나중에 일어나서 아침까지 잘 챙겨 먹고 날이 환할 때 출발하는 사람도 있다. 짐을 챙기면서 너무 부스럭거리는 소리가 나지 않도록 조심조심한다. 그렇게 조심한다고 해도 낡은 철제 침대는 얼마나 삐거덕거리는지…. 아예 짐을 하나둘 들고서 방 밖으로 옮겨 복도나 휴게실에서 배낭을 싸는 게 편하다. 아침에는 세수만 간단히 한다. 눈치없이 아침에도 샤워한다고 호들갑을 떨면 다른 사람이 오래 기다려야 한다. 누가 뭐라고 하는 사람은 없지만 서로서로

배려한다.

주방으로 가서 어제 먹다 남은 채소에 레몬과 올리브유를 뿌려 아침 식사를 대신한다. 요플레가 하나 있으면 하는데 마침 옆 사람이 하나 남겨 두고 일어선다. 얼른 가져와서 뿌려 먹으니 더 맛난다. 남은 치즈와 레몬 조각은 옆 사람에게 넘겨준다.

숙소 가까이에 마트가 있으면, 간단한 먹거리 장을 보기도 하는데 다 먹지 못하고 음식이 남는 경우가 종종 있다. 배낭에 넣어 다니거나 다음 숙소에서 먹을 수도 있지만 날이 더워 상할 수 있고, 포도주 같은 경우는 무거워 가지고 다니지 않는다. 먹을 만큼 먹고 남은 음식은 알베르게 냉장고에 넣어 두거나, 다음 사람이 먹을 수 있도록 따로 모아두는 곳에 두면 필요한 사람이 사용한다. 올리브유, 쌀, 밀가루, 소금 등등 종류도 다양하다. 딱히 메모를 해 두지 않아도 눈치껏 알아서들 한다.

포도주 맛은 다음 기회에

07:00 출발이다. 지나가는 구도심에는 중세 분위기의 건물이 여전히 건재하다. 대부분의 도시와 마을이 오래된 주택과 교회, 도로 등을 허물지 않고 보존하고 있다. 옛것을 지키려는 사람들의 마음이 그것들을 지켜냈겠지만, 건축물의 재료가 돌이기 때문에 화재나 자연재해, 또는 전쟁에도 잘 견디어 낸 이유도 있겠다. 김봉렬이 〈한국건축 이야기〉에서 말한 '돌의 물성' 덕분이다. 그는 책에서 우리나라 건축물의 재료가 대부분 목재라 오랜 세월을 버텨온 건축물이 드물다고 안타까워한다. 그래서 우리나라에서는 '무슨무슨 터'라는 유적지가 유독 많다.

도심 외곽 언덕 위에 조용한 주택가가 있다. 토요일이라 그런지 거리는 한산하고 조깅하는 사람만 가끔 보인다. 카페에 앉아 느긋하게 진한 커피를 마시며 잠시나마 망중한을 즐긴다. 카페를 나서 길을 내려가니 저 멀리 제법 높은 산이 보인다. 혹시 '저 산을 넘어가야 하는 건 아니겠지!' 하는 걱정을 하며 걷는다. 늘 불길한 예감은 들어맞기 마련인데, 오늘은 제발 그러지 않기를.

길 양옆으로는 넓은 포도밭이다. 저만치 큰 건물에 **BODEGAS IRACH**(보데가스 이라체)라고 쓰여 있다. 무료로 포도주를 마실 수 있는 포도주 농장, 와이너리다. 입구 쪽에 먼저 도착한 사람들이 줄을 서 있다. 포도주가 나오는 수도꼭지가 두 개가 달려 있는데, 빈 병이라도 있으면 한 병 가득 채워도 되겠다. 아쉽게도 공짜 포도주 맛을 보려면 한참이나 더 기다려야 할 듯 하다. 이 공짜 포도주가 아니라도 마트에 싸고 맛있는 포도주가 아주 많다. €5 정도면 썩 괜찮은 포도주를 맛볼 수 있다.

보데가스 이라체는 나바라 지역에서 오래된 와이너리 중 하나다. 와이너리는 1891년에 설립되었지만 이미 10세기에 인접한 수도원에 살았던 베네딕트회 수도사들이 와인을 생산했으며, 그 와인을 산티아고 순례자를 위한 음식과 치료제로 사용했다. 이곳 포도주는 나바라 왕가의 잔칫상에도 올려지고, 수도원에 살았던 수도사들이 프랑스와 포르투갈로 수출도 했다고 한다. 맛을 보지 못한 게 못내 아쉽지만 갈 길이 멀다. 다행히 오늘의 예감은 운좋게 빗나갔다. 높은 산으로 가지 않고 나지막한 길을 따라 둘러 나간다. 다음 마을 **아즈퀘타**(Azqueta)까지는 4.3km, 1시간 거리다.

빗나가지 않는 예감

하늘은 푸르고 하얀 뭉게구름이 그 아래 낮게 깔려 간간이 햇볕을 가려 주고 바람도 살랑살랑 분다. 한국에서 올 때는 유럽의 살인적인 폭염 소식에 걱정하고, 막상 도착해서는 추위 때문에 고생했는데, 어제부터는 봄가을마냥 날씨가 너무 좋다. 오늘 코스는 경사가 심하지 않은 오르막 내리막길이라 걷는 것도 편하다. 9.5km를 걸어 도착한 **비야마요르 디 몬하르딘**(Villamayor de Monjardin), 이곳에서 한국인 두 청년을 만났다. 대학을 갓 졸업한 두 사람은 내일 로그로뇨까지만 갔다가 파리로 가서 여행을 계속할 거라고 한다. 그들은 스물다섯 나이에 온 곳을 나는 쉰다섯 나이에 왔다.

여기서부터 12km, 로스 아르코스 마을까지는 중간에 카페도 마을도 없는 무심한 들판이다. 물도 없고 그늘도, 쉴만한 곳도 없다. 뚜벅뚜벅, 한 걸음 한 걸음. 걷다 보면 앞에 가는 사람을 지나치기도 하고 뒤에서 오던 사람이 먼저 가기도 한다. 걸음이 빠른 사람, 느린 사람, 큰 배낭을 멘 사람, 배낭 없이 걷는 사람, 혼자 걷는 사람, 가족과 함께하는 사람, 등산 스틱을 짚으며 바르게 걷는 사람, 나무 지팡이를 짚고 가는 사람, 다리를 절뚝이며 힘겹게 걷는 사람 모두 제각각이다. 같은 길을 걸으면서도 걷는 방법도, 걷는 거리도, 걷는 속도도 모두 다르다. 우리 사는 모양이 제각각인 듯.

학교 생각이 난다. 아이들은 서로 다른데, 학교는 같은 걸 가르치며 창의적 인재 육성을 외친다. 학부모도 제 아이만 다른 걸 그리 좋아하지 않는다. 학교에서는 다른 공부, 운동, 생활을 싫어하면서도 내 아이는 남들보다 더 뛰어나고 특별하기를 바란다. 방과 후에는 학원에 보내 학교에서는 못하게 하는 경쟁으로 내몬다. 이런 모순이 따로 없다. 이 길 위에서는 나를 지나쳐 먼저 가는 사람과 경쟁하지 않는다. 길 위에 서 있는 사람 하나하나가 다 다르다는 걸 알고 인정하기 때문이다. 무엇보다 '남'이 아니라 '나'에게 집중하고, '먼저'가 아니라 '함께'라는 것을 매일 배우게 된다.

더위를 먹었는지, 몸이 지쳤는지, 배가 너무 고픈건지 어지러운 생각이 마구 들고난다. 드디어 로스 아르코스에 도착, 산타 마리아 성당 앞 광장에 앉아 시원한 맥주 한 잔을 들이켜니 세상 부러울 게 없다. 오전에 걷다가 만난 중국 청년은 일찍 도착해 벌써 씻고 나와 반갑게 인사를 한다. 뉴욕에서 왔는데, 내일 로그로뇨를 마지막으로 미국으로 돌아갈 거라고 한다. 이름이 가브리엘 류라는 이 녀석은 무려 하버드 대학생이다. 옆 테이블에 앉은 미스터 뉴욕(멕시코 사람인데 뉴욕에서 왔다고 함)에게 소개를 해 줬더니 둘이 쌀라쌀라 반갑다고 난리다.

광장 옆에 있는 **산타 마리아 데 로스 아르코스 성당**에 들어갔다. 새 물건이라고는 무엇 하나 찾아볼 수 없는 정말 오래된 성당이다. 숭고하고 성스러운 분위기가 믿음이 없는 나를 무릎 꿇여 기도하게 한다.

'계획한 날까지 그저 무사히 걷게 해 주소서, 아멘~.'

성당을 뒤로하고 **산솔(Sansol)**을 향해 걷는다. 이미 22km 이상을 걸었고, 이 길에도 이전과 마찬가지로 그늘도, 물도, 쉼터도 없다. 게다가 지금은 해가 가장 뜨거운 한낮. 펄펄 끓는 태양을 머리에 얹고 6km를 걸어 드디어 목적지 알베르게에 도착. 웬일인지 알베르게가 동네 사람들로 시끌벅적하다. 방은 있지만 오늘은 숙박이 안 된단다. 마을 축제 중이라 밤새도록 시끄러워 불편할 테니 1km 정도 더 가면 알베르게가 있다고 알려준다. 높은 산을 넘어갈 것 같은 불길한 예감은 빗나갔지만 불길함의 불씨는 여전히 남아 있었다. 그러면 그렇지~ 불길한 예감은 늘 빗나가는 법이 없다.

제10화

—

환생에 대하여

걷기 7일 차

Torres del Rio ~ 로그로뇨(Logrono)

22.21km / 6시간 53분

숙소: Winederful Hostel(€17, 벙크형 2층 침대)

중세의 가을

토레스 델 리오에서 로그로뇨까지는 20km 조금 넘는 거리라 짧은 코스에 속한다. 어제 많이 걸은 덕분에 오늘은 여유가 있다. 아침에 늦잠도 자고 여유를 부려도 된다. 그런 내 마음을 아는지 모르는지 새벽 6시가 되기도 전에 방이 텅 빈다. 한낮의 더위 때문인지 해뜨기 전 선선한 아침에 걷기 위해 다들 일찍 출발한 모양이다.

알베르게 뒤편으로 오르막을 올라가니 마을 공동묘지가 있다. 지나온 마을마다 뒷쪽에 대부분 크지 않은 공동묘지가 있다. 고향 마을에서 태어나 그곳에서 자라 결혼하고 가정을 꾸리고, 자손을 낳고 그러다 태어난 마을이 내려다보이는 곳에 묻히는 삶. 무덤에 편안히 누운 선조는 그의 자손이 고향 마을에서 새 생명을 이어가는 모습을 보고는 흐뭇해할까? 아니면 한때 번성했던 마을에서 자손이 떠나가고, 아이의 웃음소리가 잦아들면서 마을의 온기가 식어가는 것을 지켜보며 서글퍼할까? 그동안 지나온 크지 않은 마을에는 죄다 노인만 골목을 지키고, 젊은이는 어쩌다 보이는 정도다. 지나가는 우리에게 '부엔 카미노~'하고 인사를 건

네는 사람도, 물통에 물을 채워 주던 사람도 모두 노인이다. 이 노인들이 마을 뒤편 무덤에 자리를 잡을 때면 어쩌면 이 마을도 사라지겠구나. 사람은 없어도 사람의 흔적은 마을 곳곳에 남아 오랫동안 빈자리에 그리움만 진하게 남겠구나.

거의 3시간을 걸어서 11km 거리에 있는 **비아나(Viana)**에 도착. 산타 마리아 데 비아나 성당 앞 광장에서 간단히 아침 끼니를 해결한다. 카페 손님이 많아 커피 한 잔을 받으려면 한참 동안 서서 기다릴 정도인데, 단골손님이 많은지 누군가 들어와서 자리 잡고 앉으면 별도로 주문하지 않아도 주인이 알아서 척척 챙겨준다. 여기도 죄다 노인이다. 도시의 모습도, 성당도, 이곳에 사는 사람도 몇 백 년 전 중세의 모습이다. 지금 나는 그 시절의 누군가가 걸었던 중세의 길을 따라 매일 걸으며 또 하나의 흔적을 남긴다.

요한 하위징아는 〈중세의 가을〉(연암서가, 2012)에서 13세기 부흥기를 지나 노쇠해지고 새로운 시대를 준비하는 단계인 14~15세기를 '가을'이라고 규정했다. '전성기를 지나 쇠락해 가는 시대'라는 의미와 르네상스를 거쳐 '근대로 나아가는 시대'라는 의미로 '가을'인 것이다. 근대를 지나 현대에 사는 우리도 그런 중세를 그리워하는지, 멀리서 찾아와 길을 걸으며 사진을 찍고 추억을 만든다. 영광과 쇠락, 빛과 어둠, 도시와 시골처럼 극명한 대조를 이루던 시대가 중세라는데, 그 빛과 어둠이 더 짙게 나뉘는 것은 중세보다 오히려 현대가 더한지도 모른다.

미스터 타이완과 기럭지

순례길을 걷다 보면 여러 사람을 만나게 된다. 아주 가끔 국적이나 이름을 물어보지만 대부분은 그냥 눈인사만 한다. 길을 가다 또는 숙소에서 여러 번 만나면 마치 오래전부터 알던 사람처럼 서로 반가워한다. 발이나 다리가 불편한 걸 보면 서로 걱정하며 괜찮은지 물어보고 약이 필요하면 비상약을 나눠준다. 힘든 길을 걷는 사람끼리 서로 알게 모르게 의지가 되나 보다.

반가운 인사는 하지만 통성명을 하기 전에는 이름을 알 수 없어 나름대로 별명을 하나씩 지어 부른다. 아내와 대화할 때 이름 모르는 그 사람을 별명으로 부르면 좋다. 물론

본인은 자기 별명이 무엇인지 알 턱이 없지만. 어제 알베르게에서 동네 슈퍼마켓 위치를 가르쳐 준 아저씨는 '슈퍼마켓', 키도 덩치도 큰데 얼굴이 너무나 작은 옆 침대 그녀는 '외계인', 뉴욕에서 왔다는 틀림없는 멕시코인 커플은 '미스터 뉴욕', 숙소에서나 길을 걸을 때 쉼 없이 떠들어대는 중국 두 소녀는 '왕수다'이고, 첫날 피레네산맥을 넘을 때 만나 계속 같이 걷는 한국인처럼 생긴 대만 친구는 '미스터 타이완'이다.

가브리엘 류는 하버드 대학교에 다닌다고 해서 '하버드', 무척이나 다정한 키 작은 스페인 부녀는 '아빠와 딸', 어제 마드리드로 돌아간 셰퍼드 순례견 가족은 '히끼', 키가 멀대같이 크고 늘 슬리퍼를 신고 혼자 순례 중인 스페인 청년은 '슬리퍼', 60대 우아한 숙녀 두 분은 한쪽이 키가 아주 크고 다리가 길어서 '기럭지'다. 로그로뇨에서 짐을 풀고 저녁을 먹으러 나갔다가 성당 안에서 '미스터 타이완'을 만났고, 길가 식당에서는 '기럭지'랑 인사했다. 다른 사람도 아마 우리 부부의 별명을 지어 부르지 않을까? 뭘까?

취중 대담

로그로뇨까지의 10km는 다소 지루하다. 한참을 걷다 보니 저 멀리 큰 도시가 보인다. 로그로뇨다. 예약해 둔 숙소는 15:00에 체크인이 된다고 해서 시간이 좀 빈다. 맛집 몇 군데를 찾아가 오늘은 스페인 음식 맛을 보기로 한다.

먼저 찾아간 곳은 **파가노스(Bar Páganos)**. 이 바는 Páganos 출신의 Jesús와 Resu 부부가 1960년에 설립한 '노포 식당'이다. 현재는 그의 아들과 손자가 운영하고 있다고 한다. 62년 동안 숯으로 무어식 꼬치를 구워 내는데, 핀초 모루노(Pincho Moruno)와 이베리코(Iberico)가 특히 맛있다. 둘 다 고소하고 짭짤해서 술안주에 딱이다. 스페인어로 '모루노(moruno)'는 무어인을 뜻하며, '핀초(pincho)'는 핀초스라고도 불리는 바스크 지방의 전채요리를 뜻하는데, 음식을 꼬챙이에 끼워낸 형태를 띠는 것이 특징이다. 우리의 꼬치구이와 흡사하다.

모루노(€2.2)는 양념을 한 돼지고기를, 이베리코(€3.0)는 양념하지 않은 소고기를 3조각씩 숯불로 구워서 내준다. 고기 사이에 굵은 대파를 끼워서 같이 구우면 더 맛있을 거라고 한 수 가르쳐 주고 싶은데 말이 안 통하니 안타깝다. 가르쳐 준다고 해도 62년 전통을 바꾸지 않겠지만.

길을 따라 내려오면서 양송이 구이집에 들른다. 줄을 선 사람이 엄청 많은 대박 맛집, **앙엘(Bar Angel)**이다. 바게트 조각을 맨 아래에 두고 구운 양송이 3개를 꼬치에 끼워 준다. 소금을 뿌렸는지 짭짤하다. 양송이 구울 때 생긴 물이 흐르지 않도록 한입에 쏙 넣어 씹으면 참 별미다. 이걸 챔포(Champo)라고 하는데 가격은 €1.5다. 리오하 백포도주와 잘 어울린다.

맥주와 포도주로 낮술을 했더니 약간 취기가 오른다. 얼른 씻고 자고 싶은데, 아직도 3시 전이라 알베르게에 들어갈 수가 없다. 성당 앞 광장 벤치에 누워 있다가 방랑객 독일인 '한스'를 만났다. 이 친구는 현재 3년째 여행 중이다. 나이는 마흔두 살이고 같이 다니는 반려견은 '루나'다. 루나는 이탈리아 시칠리아에서 새끼 때 만나서 3년째 같이 다닌다. 어설픈 영어로 '환생'에 대해 한참이나 대화를 나눴다. 독일인 한스가 불교도는 아닌 듯한데 혼자 여행을 오래 해서 환생에 대한 생각이 사뭇 진지하다.

사람이 죽어 다시 태어날지, 태어난다면 태국 사람이 민

는 것처럼 착하게 살아 사람으로, 조금 잘못하고 살아 개로
환생할지 어떻게 알겠는가. 그동안 별로 착하게 살지 않은
나는 사람으로 환생하길 바라는 건 무리다. 그래도 너무 나
쁘지는 않았으니 개로 태어날지도 모른다. 만약 개로 환생
하더라도 한스의 반려견은 안되고 싶다. 루나는 너무 오래
여행을 다녀서인지 비쩍 말라 무척이나 힘들어 보인다.

순례를 마치고 모든 죄를 용서받고 나면, 저기 성당에 계신 분이 말씀하신 것처럼 천국행 티켓을 받는 행운을 가질 수 있을지도 모르겠다. 가만 생각해 보니 천국도 별로지 싶다. 그동안 천국 간 사람이 너무 많아 거기서 사는 것도 썩 내키지 않는다. 술을 너무 마셔서 그런지, 벤치에서 햇볕을 너무 쬐어서 그런지, 아니면 한스랑 안되는 영어로 대화를 너무 오래해서 그런 건지 머리가 어질어질하다.

벤치에 누워 한참 졸고 났더니 3시다. 술이 살짝 깨고 나니 알겠다. 지금 당장 나에게 천국은 바로 저기, 알베르게인 것을.

제11화

걷는 속도만큼 삶도 느리게 간다

걷기 8일 차
로그로뇨 ~ 나헤라(Najera)
31.17km / 8시간 13분
숙소 : Albergue Puerta de Najera(€40, 2인실)

배낭은 동키로 보내고

굿모닝~

오늘은 8월 1일, 월요일, 벌써 8월이다. 아침 기온 18도, 현재 시각 06:44. 오늘 출발이 좀 늦었다. 저녁 늦게까지 휴게실에서 맥주 마시고 노느라 늦게 잔 탓이다. 휴게실에 있던 스페인 분이 꽈리고추 볶음(Pimiento de Padrón)을 해줘서 맛을 봤는데, 이게 또 별미다. 크기는 한국에서 흔히 볼 수 있는 꽈리고추보다는 좀 작다. 꽈리고추를 올리브기름에 태우듯이 볶고 소금으로 조금 짜다 싶을 정도로 간을 맞추면 된다. 이걸 요리라고 할 수 있나 싶은데, 맥주 안주로도 그만이다.

나헤라까지는 30km가 넘는 긴 거리다. 대개 하루에 걷는 거리가 25km 내외인데, 이렇게 긴 날도 1주일에 한 번 정도 있다. 긴 코스를 걷는 날에는 무리하지 않는 게 중요하다. 동키 서비스로 큰 배낭은 먼저 보내고 작은 배낭에 최소한의 짐만 가져간다. 혼자 다니는 사람도 작은 가방 하나는 미리 준비해 장거리를 걷거나 몸이 좀 불편한 날에는 동키 서비스를 이용하면 좋다. 요금은 2022년 당시에는 €5였고,

2023년에는 €6로 올랐다. 산티아고 데 콤포스텔라에서 가까운 사리아(Saria)부터는 €4다.

혹시나 배낭이 제대로 배송되지 않거나 분실되지 않을까 걱정했는데, 이용해 보니 걱정하지 않아도 되겠다. 동키 서비스하는 여러 회사가 서로 경쟁하며 정확하고 문제없이 배송한다. 이용 방법도 간단하다. 정해진 봉투(회사마다 고유의 봉투가 있음)에 요금을 넣고, 다음 목적지의 숙박 장소, 이름과 전화번호, 이메일을 적어서 알베르게가 지정한 장소(보통 문 옆)에 두면 된다. 간혹 너무 빨리 목적지에 도착하면 배낭이 늦게 오는 경우도 있다고 하는데, 늦어도 오후 2시까지는 배송이 완료된다.

배낭을 메지 않고 걸으면 걸음도 빨라지고 발이나 다리에도 무리가 덜 가서 훨씬 편하다. 길 위에서 만난 방 작가는 독자들에게 진심을 전하기 위해 무거운 카메라 가방까지 20kg이나 되는 배낭을 매일 메고 걸었고, 중국 갑부 정군은 그 돈을 아껴서 좋아하는 요플레와 과일을 사 먹기 위해 동키 서비스를 이용하지 않았다고 한다. 2차 순례에서 만난 부산 사나이 두 분은 매일 동키 서비스를 이용하는 대신 아침과 점심 식사를 삶은 달걀과 콜라 한 잔으로 버텼다고 하니, 동키 서비스를 이용하는 이유도 제각각이다.

걷는 재미

로그로뇨는 제법 큰 도시라는 걸 도심을 빠져나오는 거리로 알 수 있다. 길이 잘 정비되어 있고 가로수도 높다랗고 풍성하게 자라서 그늘을 깊게 드리워준다. 그래서인지 아침에 조깅하는 사람도 많이 보인다. 30대 나이에는 저들처럼 달리기에 취미를 가져 마라톤 대회에도 자주 나가곤 했다. 마라톤 풀코스는 못 뛰었지만 하프 코스(21km)를 두 시간 이내에 뛴 기록도 있다. 그러다가 어느새 점점 운동에 게을러지고 체중은 불어나 전형적인 중년 아저씨가 되고 말았다.

늦게나마 걷기에 재미를 붙인 건 그나마 다행이다. 방콕 생활 3년째는 가족없이 혼자 지내게 되어, 운동이라도 열심히 하려고 방콕 시내 룸피니 공원 옆으로 이사를 했다. 1년에 몇 번이나 공원에서 운동하겠냐면서 한국으로 먼저 돌아가는 아내는 통 믿지를 않았다. 하긴 코로나가 아니었으면 아내의 예상대로였을지도 모른다. 아이러니하게도 코로나 때문에 걷기에 재미를 붙였다. 방콕도 코로나가 심해 도심 전체가 봉쇄되어 식당, 카페, 학교, 공원 어디에도 들어갈 수 없는 상황이라 딱히 할 일이 없었다. 숙소에 있는 헬스장과 수영장도 사용금지. 방 안에만 갇혀 지내야 하는 상황이 답답해 마스크를 쓰고 동네를 걷기 시작했다.

주로 숙소 건너편에 있는 왕립 방콕 골프장과 쫄라롱콘 대학교(Chulalongkorn University) 담장을 따라 걸었다. 골프장은 물론이고 대학교 구내도 출입 금지여서 도로를 걸을 수밖에 없었다. 처음에는 4~5km 정도를 걷다가 점점 거리가 늘었다. 시간이 지나 공원 이용이 가능해지고, 대학교 교정에도 들어갈 수 있게 되자 걷기가 더 재밌어졌다. 좀 길게 걸을 때는 짜오프라야(Chao Phraya River) 강변에 있는 왕궁(Wat Phra Kaew)과 강 건너 새벽 사원(Wat Arun)까지 걸었다. 주말에는 야시장으로 유명한 짜뚜짝(Chatuchak) 시장까지 왕복 20km가 넘는 길을 걷기도 했다.

걷기는 배 나온 중년에게 더없이 좋은 운동이다. 중년뿐만 아니라 누구에게나 좋은 운동이다. 준비 과정이 필요 없고 운동화만 신으면 바로 할 수 있다. 무엇보다 좋은 건, 걸으면 평소에 보지 못했던 많은 것이 눈에 들어온다는 점이

다. 사람 사는 모습, 도시의 겉모습과 속살을 하나둘 알게
되는 재미가 있다. 음식 냄새, 낯선 소음, 웃고 떠들고 싸우
는 이웃의 일상이 정겨워진다. 자신이 걷는 속도로 삶이 느
릿느릿하게 흘러가고 내 삶의 속도도 따라 느려지는 걸 경
험한다.

나헤라의 늦은 오후

이런저런 생각을 하며 도심을 빠져나간다. 호수를 지나고
쉼 없이 걸어, **벤토사**(Ventosa) 마을에 도착. 마을 초입에 오
아시스 같은 카페에서 한동안 보이지 않던 중국인 두 아가
씨, 왕수다를 만났다. "안녕하세요?" 아마 그들에게 나의 별
칭은 '안녕하세요'인가 보다. 볼 때마다 그렇게 시작한다. 중
국 상해에서 왔고, 35일 일정으로 콤포스텔라까지 이번에
완주할 계획이란다. '왕수다'는 걸으면서도 계속 중국말로
쉴 새 없이 떠든다. 그래서 왕수다다. 배낭의 크기도 작지
않은데 걸음은 엄청 빠르다. 숙소에 가면 먼저 도착해 있고,
도착해서는 또 다른 젊은이와 어울려 큰 웃음소리가 난다.

작은 알베르게에 같이 머물게 되는 건 가급적 피하고 싶은 데 어쩔 수 없이 가끔 만나게 된다.

잠시 휴식을 취하고 8시간 만에 드디어 나헤라에 들어선 다. 근처 슈퍼마켓을 찾아 과일과 포도주 한 병, 오랜만에 고기 맛도 볼 겸 구이 통닭도 한 마리를 샀다. 알베르게 주 방에 포도주와 통닭만으로도 근사한 저녁상이 차려진다. 넉넉히 배를 채우고, 숙소 앞, 길 건너 강가 잔디밭으로 내 려간다. 벤치에도 좀 누워보고, 강물(Najerilla River)에 발을 담근다. 오래 걸어 붓고 뜨겁던 발이 강물에 천천히 식어간 다. 한낮의 뜨겁던 태양도 붉게 타들어 가며 마지막 숨을 헐떡거리고, 그 자리를 어느새 시원한 바람과 어둠이 차지 한다.

나헤라의 늦은 오후가 발갛게 아주 발갛게 익어간다.

제12화

아침을 깨우는 소리

걷기 9일 차
Najera ~ 산토 도밍고 데 라 칼사다
  (Santo Domingo de la Calzada)
21.88km / 5시간 50분
숙소: Albergue Confradia del Santo(€13, 다인실)

붉은 벽돌의 수도원

나헤라에서 산토도밍고 데 라 칼사다까지 가는 21km 정도의 짧은 코스다. 숙소에서 골목길을 돌아서 산티아고 길을 따라 나오면 빨간 벽돌로 지어진 커다란 건물이 나타난다. **왕립 산타 마리아 수도원**(Monastery of Santa María la Real)이다. 이곳 마을 뒤쪽으로 붉은색 퇴적층의 돌산이 보이는데, 그래서인지 붉은 벽돌이나 암석으로 지은 건물이 많다. 이 수도원도 전체가 붉은빛이다. 1052년에 지어졌고, 15세기에 여러 차례 개축되었다.

이 수도원의 기원에는 재미있는 이야기가 전해진다. 1044년 가르시아 왕이 사냥을 나가 꿩을 발견하고는 사냥매를 앞세워 따라 들어간 동굴에서 백합 화병과 성모 마리아의 모습을 보게 되었다. 그곳에는 종과 등불도 있었다고 한다. 얼마 후 가르시아 왕은 이슬람교도에게 빼앗겼던 땅을 되찾고는 동굴에서 본 성모 마리아의 은덕이라 생각하고 이 수도원을 지어 봉헌했다는 이야기다. 수도원 제단화에는 가르시아 왕이 보았다는 등불, 백합 화병, 종이 묘사되어 있다는데 이른 아침이라 들어가서 확인해 보지 못했다.

길은 의외로 초반부터 힘들다. 어제는 동키 서비스로 큰 배낭은 보내고 가벼운 배낭을 아내와 번갈아 메고 걸어서 편했는데, 하루 쉬고 다시 멘 배낭에 몸이 격하게 거부 반응을 한다. 숙소 뒤쪽으로 산을 하나 넘어간다. 배낭의 무게가 부담스럽지만 아침 공기가 시원하고 다리도 재충전을 한 상태라 초반에는 견딜 만하다.

1시간 20분을 걸어, **아소프라**(Azofra) 마을에 도착. 길가 카페에서 순례자와 동네 사람, 몇몇 경찰이 옹기종기 아침 식사 중이다. 이른 아침에 이런 풍경은 참 정겹고 다정하다. 달콤한 커피 향, 바스락바스락 바게트 씹는 소리, 커피 홀짝 이는 소리와 이름 모를 새들이 지저귀는 소리는 아침을 깨우고 하루를 시작하는 소리다. 심지어 나이 많은 주인 내외가 바쁜 아침에 실랑이하는 소리도 왠지 정겹다. 두 사람 분위기가 손님이 다 떠나고 한가할 때 한바탕할 것 같아 살짝 걱정이다.

물집 예방

한참을 걷다 보니 저 앞에 '수다쟁이'가 절뚝거리며 간다. 한쪽 다리에 보호대도 찼다. 늘 옆에 남자를 달고 다니던 작은 체구의 귀여운 아가씨다. 파리에서 생장으로 오며 환승 기차를 놓친 바욘역에서 휴게실 벽에 꽂아 둔 내 충전기를 허락도 없이 자기 마음대로 쓰며 깊은 첫인상을 남긴 여자다. 바욘역에서 생장으로 오는 기차 안에서 앉자마자 옆

자리 남자와 오랜 친구처럼 이야기하던 붙임성도 대단한 친구다. 이름은 마르타. 사는 도시 이름도 들었는데 기억이 안 난다. 6주 휴가를 받아서 콤포스텔라까지 완주할 계획이란다. 오늘은 같이 다니던 남자는 다 어디로 갔는지 혼자라 좀 쓸쓸해 보인다. 그러더니 오후에 숙소에 와서는 다시 옆에 남자를 셋이나 거느리고 다닌다. 여전히 다리가 불편해 보이는데, 저 다리로 완주할 수 있을까 싶다.

며칠 걷다 보면 누구나 몸 여기저기에 이상이 생긴다. 걷기를 시작한 지 삼사일이 지나면 근육에 경고음이 울린다. 종아리, 허벅지를 거쳐서 허리에 통증이 오고, 배낭을 멘 어깨 부위도 불편하다. 근육통 때문에 잠도 설친다. 그러다 시간이 지나면 근육통은 어느 정도 적응을 하지만, 발바닥이 문제다. 무거운 배낭 무게 때문에 하중이 발바닥에 모여서 제법 두꺼운 트레킹화 바닥이 얇게만 느껴진다. 발바닥 통증 때문에 걸음걸이가 조금 달라지면 어느새 발바닥이나 뒤꿈치 쪽에 물집이 생긴다. 한번 생긴 물집은 여간해서 잘 낫지 않는다. 물을 빼고 약을 발라도 하룻밤 사이에 낫지 않아 힘들다. 처음부터 생기지 않도록 주의하는 게 최선이다.

알베르게에서 만난 친구들 상태를 보면 대개 물집 때문에 고생한다. 걷기 초반에는 운동화나 등산화를 신고 다니다가 어느새 슬리퍼로 갈아 신고 걷는 건, 물집 때문이다. 발뒤꿈치에 생긴 물집 때문에 신발을 신을 수가 없다. 물집이 생기지 않게 하려면 5km나 한 시간 정도 걸은 후에는 양말을 벗고 발을 말려 주는 게 좋다. 걸으면서 신발에 생긴 습기와의 마찰 때문에 발바닥 통증과 물집이 생긴다고 한다. 출발하기 전에 물집이 생길 것으로 예상되는 부위에 스포츠 테이프를 바르고, 발 전용 바셀린을 발라주면 물집 예방에 좋다.

산토도밍고의 전설

아소프라 마을 이후 10km 구간은 그늘도 없는 시골 비포장도로다. 추수가 끝난 밀밭, 간간이 보이는 포도밭, 일부러 불을 질러 태운 새까만 들판, 구름 한 점 없는 파란 하늘. 파란 하늘과 새까만 들판, 들판을 가르는 누런 황톳길이 하나의 미술 작품을 만들어 낸다. 파랑, 검정, 노랑 등 몇 가지 색으로만 미의 극치를 보여주는 마크 로스코(Mark Rothko)의 현대 추상 작품 하나가 눈앞에 펼쳐진다.

구름 한 점 없는 파란 하늘에 어디서 날아왔는지 솔개 한 쌍이 빙글빙글 맴돈다. 이런 들판에 들쥐가 있기는 할까. 뜨거운 태양에 타들어가는 들판에 솔개의 먹잇감이 있을 리 없다. 비가 안 온 지 한참 되었는지 흙은 말라 작은 바람에도 먼지가 날리고, 그 먼지를 뒤집어쓴 잡초는 제 몸을 비틀어 날카로운 가시를 만든 모습으로 불편한 심기를 드러낸다. 이런 열악한 환경에서 생명을 유지하고 버티어 내는 힘은 도대체 어디서 오는 걸까. 수백만 년을 이어온 적응의 결과인가, 아니면 창조주의 선물인가.

이제 남은 거리는 7km다. 마을이 보이는 곳부터 길의 왼편으로는 푸른 잔디밭이다. 스페인에서 처음 보는 골프장(Rioja Alta Golf Club, 그린피 €55)이라 잠시 들어가 본다. 잔디 관리도 잘 되어 있어 보이는데, 라운딩 하는 사람이 아무도 없다. 이곳보다 더 뜨거운 카이로나 방콕에서는 이런 날씨에도 다들 열심인데 스페인은 더울 때는 골프도 안 하나 보다. 참, 시에스타(Siesta)라고 더운 오후에 어디든 문을 닫고 낮잠을 자는 문화가 있는 나라가 아니던가.

골프장이 있는 **시루에냐(Cirueña)** 마을을 지나자 다시 오르막이다. 그 길 끝에서 보니 저 멀리 산토도밍고 마을이 보인다. 산토도밍고라는 마을 이름은 이 도시를 세운 도밍고 가르시아(Domingp Garcia)에서 따온 것이다. 전해지는 바에 의하면, 도밍고는 1019년 이곳에서 멀지 않은 작은 마을에서 태어난 목동인데, 그는 수도원에 들어가려다 뜻을 이루지 못한다. 강둑이 있는 숲속에서 홀로 은둔자 생활을 하며, 강을 건너려는 순례자를 돕기 위해 다리를 놓고, 길을 정비하고 숙소도 제공하는 등의 헌신으로 성인으로 추앙받게 된다.

대성당 안의 산토도밍고 묘지 앞에는 특이하게도 살아 있는 닭이 있는 닭장이 있다. 여관집 딸의 사랑 고백을 받아주지 않아 억울한 누명을 쓴 청년의 목숨을 구해 준 산토도밍고, 그의 진심을 밝히는 역할을 했던 닭의 사연이 스며 있다. 이런 스토리 전개는 이솝우화나 우리의 민담에서도 종종 보게 된다. 그래도 묘지를 지키는 닭이라는 실체는 신기하기만 하다.

오늘 묵을 알베르게가 대성당 바로 옆인데, 내일 새벽에 닭 울음소리를 들을 수 있으려나. 짐을 풀어놓고 샤워를 하고 밖으로 나와 근처 카페에서 느긋한 저녁식사를 한다. 닭다리 요리와 새우구이를 주문하고 시원한 맥주를 한잔 들이

켠다. 바로 이 맛이야! 성 야고보님은 포도주 맛은 알았어도 이 시원하고 알싸한 맥주 맛은 아마도 알지 못했으리라.

제2부

태양의 흔적을 따라 걷다

제13화

———

그라뇽(Grañón) 마을의 일출

걷기 10일 차
Santo Domingo ~ 벨로라도(Belorado)
23.17km / 6시간 2분
숙소: Albergue Cuatro Cantones(€16, 다인실)

퇴화된 발바닥

8월 3일, 05:24. 어제보다 1시간이나 이른 시각인데 기온은 22도로 높다. 새벽 기온이 이렇게 높으면 한낮에는 얼마나 더울까? 태양이 불타오르기 전에 걷기를 마쳐야 한다. 이곳은 06:50경에 해가 떠서 21:00 지나야 해가 진다. 해가 떠 있는 시간이 길어서인지 오후 2~3시보다는 오히려 저녁 6~7시경이 더 뜨겁다. 한낮에 한껏 데워진 공기와 대지는 이른 저녁때쯤에 그 열기를 토해내기 시작한다. 열기를 품을 수 있을 만큼 가득 품었다가 견딜 수 없을 때가 되어서야 서서히 뱉어내는 것이다. 하늘이 아니라 땅에서 뿜어져 나오는 열기는 하늘의 열기보다 사납지는 않지만 그렇다고 친절하지도 않다. 밤새 사람을 뒤척이게 만든다.

에어컨이 없으니, 알베르게에서 잠을 청하는 순례자들은 밤늦게까지 잠들지 못한다. 그 흔한 선풍기도 여기서는 찾아보기 힘들다. 전기세 때문에 알베르게에만 에어컨이 없는 게 아니라 일반 주택을 유심히 살펴봐도 실외기가 없는 걸 보면 에어컨이 없는 게 확실하다. 특이한 것은 창문에 차양 시설을 별도로 달았다는 점이다. 나무나 알루미늄 재질의

접이식 차광막을 창문 바깥쪽으로 설치해 햇살이 강하게 비칠 때는 빛을 막는다. 냉방시설을 별도로 하지 않고 이 차광막으로 긴 여름을 견디나 보다. 미국과 유럽 전역에 폭염 주의보가 내려져 불볕더위로 지구가 뜨겁게 달아오르고 있다고 한다. 진짜 덥다.

오늘은 걷기 10일 차다. 20일간 걸어 레온(Leon)까지 가는 1차 순례의 딱 절반인 날이다. 몸살감기는 나아 몸 상태는 좋아졌고, 배낭도 짊어질 만하다. 다리와 허리에도 큰 무리가 없다. 왼발에 생긴 커다란 물집 때문에 걸음이 조금 불편할 뿐이다.

내 발바닥뿐만 아니라 현대인의 발바닥은 많이 걷는 데 적합하지 않다. 12000년 전, 농경이 시작되기 전까지의 수렵채집 시대에 인류는 맨발로 하루 종일 걸어 다녔으니, 발바닥이 지금보다 훨씬 두텁고 단단했을 테다. 농경이 시작되자 걷는 시간은 줄어들고, 이동하는 데 소나 말, 낙타 등 동물의 도움을 받게 되면서 발바닥의 역할은 점점 축소되었고, 발바닥도 말랑말랑해졌다. 기차와 자동차 같은 장거리 이동 수단이 생긴 뒤로는 오래 걷는 것에는 더 이상 적합하지 않게 되었다. 직립 보행이 가져온 초기 인류의 이동성은 다른 수단으로 대체되고, 걷는 능력은 점점 퇴화하고 있다. 하루에 만 보 걷기를 해야 좋다지만, 그만큼 걷기가 쉽지 않다. 걷기 운동을 의도적으로 한다면 모를까, 일상생활에서 만 보를 걷는다는 건 어림도 없다.

퇴화가 한참이나 진행된 발바닥으로 매일 25km 이상을 걷고 있으니, 무리가 오지 않을 수 없다. 말랑말랑한 발바닥 여기저기에 생겨난 물집은 수만 년 전, 초원을 누비던 먼 조상들의 단단하고 두터운 발바닥을 잃어버린 대가이다. 말랑해진 발바닥으로 걷거나 뛰는 것을 즐기는 소수의 현대인이 특별한 희열을 느끼는 것은 우리의 DNA 속에 아련히 남아 있는 사바나의 추억 때문이다.

산티아고에서 가장 아름다운 일출

걷기 시작한 지 40분이 지났을 무렵, 빗방울이 뚝뚝 떨어진다. 더울 거라고 걱정하던 차에 이 정도 비는 고맙기만 하다. 날이 아직 어두워 핸드폰 불빛을 비춰가며 조심스레 한 발 두 발 걷는다. 마침 또래의 중년 부부가 헤드 랜턴을 비추며 앞서가는 덕분에 그 불빛에 의지해 길을 잃지 않고 잘 갈 수 있다.

어둠은 보이는 것을 제한하지만 소리를 더 가까이 불러들인다. 길 위의 돌과 흙이 신발과 부딪히는 소리, 바람이 나뭇잎을 흔드는 소리, 억센 풀이 실랑이하는 소리가 또렷하다. 귀를 기울이지 않아도 어둠이 소리를 끌어와 귓가에 풀어놓는 덕분에 온갖 소리가 귓속으로 파고든다. 그 소리가 서로 뒤섞여 혼란스러울 때 빛이 찾아온다. 저 멀리 언덕 너머 서서히 푸른빛이 감돌기 시작한다.

드디어 오늘의 첫 마을이다. 산티아고 길 위에 있는 마을의 생김새는 대개 비슷하다. 마을은 평평한 들판에서 약간 솟은 언덕에 있어 멀리서도 잘 보인다. 마을 초입은 오르막이고 오르막의 끝이 마을의 중심이다. 마을 중앙 높은 곳, 마을의 중심에 성당이 있고 그 주위로 집이 다닥다닥 붙어 있는 모양새다. 마을 중앙으로 길이 나 있고, 그 길을 따라 넘어가면 마을의 뒤편이다. 마을 뒤편에는 으레 공동묘지가 있다. 마을이 크면 마을의 앞과 뒤가 멀고 깊어 길은 더 길고 가파르다.

지금 들어선 이 마을은 **그라뇽**(Grañón)이다. 길을 따라 마을로 다가가면 마을 입구에 커다란 정자나무가 있다. 그 아래 작은 탁자와 의자가 놓여 있고 오른편에 아기자기하게 꾸며 놓은 작은 카페가 있다. 주인장이 한국말로 "방가방가~" 하며 인사를 한다. 커피 한 잔을 들고 정자나무 아래에 앉는다. 아직 우리 외에는 손님이 없어 주인장 내외도 커피를 들고 와서 나란히 앉아 길을 내려다본다. 길 저편에서 순례자가 하나둘 나타나기 시작한다.

바로 그때, 지나온 마을 앞 들판 너머 산 위로 아침 해가 떠오른다. 옅은 분홍빛으로 물든 하늘로 빨갛게 달구어진 해가 서서히 솟아오른다. 뒤를 돌아보라고 걸어오는 이들에게 손짓하자 하나둘 뒤돌아선다. 해가 완전히 산 위로 솟아 다시 구름 사이로 스르르 들어갈 때까지 해를 바라보며 모두 그대로 서 있다. 마치 정지화면 같다. '아, 이 장면을 보기 위해 내가 여기까지 왔구나.' 그동안 걸어오면서 수많은 풍경과 아름다운 장면을 보았지만, 이보다 더 아름다운 것은 아직 보지 못했다. 그라뇽에서 일출을 본 사람은 산티아고 순례길에서 가장 아름다운 장면을 보았노라고 감히 말할 수 있다.

거대한 해바라기 들판

오늘은 모두 다섯 마을을 지난다. 그라농 다음 마을은 모두 작고 오래된 곳이다. 마을 축제를 알리는 현수막에 〈1019년 ~ 2019년〉이라는 표시가 되어 있는 걸 보니 천 년이 넘은 마을인 모양이다. 이렇게 오래된 마을의 돌담과 건물은 천 년의 햇볕과 비와 바람을 묵묵히 견디었고, 백 년을 살지 못하는 인간은 자손을 낳아 천 년의 역사를 이어온다. 하지만 오래된 작은 마을에는 이제 사람이 보이지 않는다. 천 년의 역사를 증언하는 몇 남지 않은 마을 사람들은 창문에 차양막을 내린 채 늦은 아침까지 잠들어 있다.

잠든 마을을 지나 120번 도로 옆을 따라 걷는 길에는 해바라기밭이 자주 보인다. 그동안 지나온 해바라기밭의 해바라기는 이미 시들었는데 이곳의 해바라기는 눈부신 노란 잎을 활짝 펼치고 있다. 고흐가 이 장면을 보았더라면 작은 화병에 꽂힌 몇 송이의 해바라기가 아니라 언덕 가득 피어 있는 해바라기를 그렸으리라. 이곳의 해바라기는 우리네 마을에 피던 해바라기와는 다르다. 거대하고 너무나 화려하여 어쩐지 폭력적이다. 우리의 해바라기는 박목월이 노래한 것처럼, 곰보딱지 아저씨 외딴집에 핀, 형 아우 같은 해바라기다. 다정하고 정겨운 해바라기다. 내 어머니의 늙은 주름에 새겨진 옛사랑의 해바라기다.

곰보딱지 아저씨
외딴 집에
해바라기 형 아우
돌고 있어요

큰 해바라기 빙빙
해 보고 돌고
꼬마 해바라기 빙빙
구름 보고 돌고

- 해바라기 형제 / 박목월 -

거대한 해바라기밭은 끝없이 이어진다. 저 해바라기밭이
끝날 때쯤, 오늘의 길도 끝날 것이다.

산티아고, 내 생애 가장 아름다운 33일

제14화

페드라자(Pedraja) 산을 넘어

걷기 11일 차
Belorado ~ 아헤스(Ages)
28.15km / 7시간 38분
숙소 : El Pajar de Ages(€14, 6인실, 2층 침대)

기온 차가 심한 아침저녁

05:57, 현재 기온 16도, 제법 쌀쌀하다. 어제는 새벽에도 기온이 22도였는데 오늘 아침에는 6도나 낮다. 이곳 스페인 북쪽 바스크 지방은 같은 계절에도 낮과 밤의 기온 차가 심하다. 새벽 기온이 높은 날이 있다가도 오늘처럼 기온이 뚝 떨어지는 날도 있다. 순례자는 기온 차에 대비해 바람막이 등 겉옷을 준비하는 게 좋다.

밤새 소나기가 내려 새벽안개가 자욱하다. 비 덕분에 땅이 촉촉이 젖어 걷기는 한결 편하다. 플래시를 비추며 천천히 걷는다. 어제 아침에 앞서가던 중년 부부는 먼저 갔는지 보이지 않고, 대신 앳된 여자 한 명이 앞서간다. 컴컴한 밤길에 무섭지도 않은지 씩씩하기만 하다.

5km를 걸어서 첫 번째 마을 **토산토스(Tosantos)**에 도착. 오늘은 28km 이상을 걷는 날이라 큰 배낭은 미리 보내고 작은 배낭 하나만 있어 걷는 속도가 빠르다. 토산토스 마을은 너무 작아 마을 입구에서 뒤편으로 넘어가는데 100m도 채 되지 않는다. 순례길에는 이런 작은 마을이 많다. 10년,

20년 후, 아니 그보다도 더 이른 시기에 이런 마을은 아무도 살지 않는 곳이 되지 않을까 싶어 마음이 스산해진다. 지나온 마을에도 빈집이 얼마나 많았던가.

두 번째 마을 **비암비스티아**(Villambistia) 마을에 도착. 마을 입구에 있는 작은 카페는 너무 이른 시각이라 아직 문을 열지 않았다. 8.5km 지점, **에스피노사 데 카미노**(Espinosa de Camino)에 문을 연 카페가 있다. 부지런한 노부부가 운영하는 곳이다. 아침에 숙소에서 과일이나 빵을 먹고 나와도 되고 한두 시간 걷다가 휴식과 함께 해결하는 것도 좋다. 길가 카페에서의 소박한 아침은 순례길에서만 느낄 수 있는 아주 특별한 행복이다.

아픔이 서린 페드라자 언덕

12km 지점, 제법 큰 마을 **비야프랑카 몬테스 데 오카**(Villafranca Montes de Oca)다. 약간 높은 언덕에 있는 성당을 배경으로 시그니처 포즈로 사진을 찍다가 뒤따라오던 덩치녀와 눈이 마주쳤다. 내 포즈가 우스운지 입을 막고 웃더

니 멋쩍게 엄지척을 해 준다.

성당 오른쪽을 돌아 오르막길을 오른다. 올라도 올라도 끝이 없는 오르막이 무려 3km다. 해발 1200m가 넘는 큰 산인데 너무 만만하게 봤나 보다. 이 산을 넘어 12km를 더 가야 다음 마을인 **산후안 데 오르테가**(SanJuan de Orte-ga)에 닿는다. 능선의 제일 높은 지점에 위가 아래보다 넓은 사각기둥 모양의 담백한 기념비가 있다. 지나가는 사람마다 잠시 서서 비석의 글을 읽고 묵념하고 지나간다. 사진을 찍어 두고 숙소에 도착해서 찾아보니, 비석의 내용은 이렇다.

'Monte de la Pedraja 1936. 이곳에서 약 300명이 프란시스코 프랑코 장군의 쿠데타를 지지한 사람들에 의해 총살되었습니다. 공화국은 합법적으로 설립되었으며 1936년에서 1939년 사이에 스페인 남북 전쟁이 일어났습니다. 그들은 정치적 이상과 자유를 수호하려다 남북 전쟁 첫 달에 살해되었습니다. 이 겸손한 기념물은 그들을 사랑하는 사람들이 세웠습니다. 우리가 그들의 기억을 절대 잊지 않도록 도와줄 것입니다. 편히 쉬세요.'

고도가 높은 곳이라 공기가 차다. 잠시 앉아 발바닥의 열을 식히고 하산한다. 내려가는 길은 넓고 평평하고 길 양쪽으로 상수리나무와 소나무가 울창하다. 특히 소나무가 많아 짙은 솔향이 숲에서 길가로 밀려 나온다. 이런 곳에서 우리 숲의 향기인 짙은 솔향을 맡는 경험은 어쩐지 낯설다.

다시 모인 사람들

뒤꿈치 쪽 물집 때문에 절뚝이면서 겨우 산에서 내려왔다. 산 주안 데 오르테가 마을 입구에 사막의 오아시스 같은 알베르게이자 카페인 **엘 데스칸소(El Descanso)**가 있다. 먼저 온 이들도 옹기종기 모여 앉아 쉬는 중이다. 우리도 '아빠와 딸' 옆에 자리를 잡고 앉아 시원한 맥주 한 잔으로 하루의 피로를 푼다.

'아빠와 딸'하고 산을 내려오며 잠시 이야기를 나눴다. 스페인 발렌시아에서 왔고, 18세, 22세, 25세 세 자녀 중 18세 딸과 함께 순례에 나섰다고 한다. 한창 입시 준비를 해야 하는 고등학생 딸과 아빠가 긴 시간을 들여 순례하는 모습이

산티아고, 내 생애 가장 아름다운 33일

걱정스러우면서도 멋지다. 앞서 간 '아빠와 딸'은 산후안에서 묵을 생각인지 성당 앞에 퍼질러 앉았고, '미스터 타이완'(이 친구는 언제부터인가 대만에서 온 같은 또래 여자랑 커플이 되었다.)도 이곳에서 알베르게 문이 열리기를 기다린다. 나는 아헤스까지 가서 쉴 거라고 얘기하고 길을 떠난다.

숙소에 들어와 샤워하고 나왔더니 '미스터 타이완' 커플은 같은 방에 들어왔고, 1층 카운터가 시끌벅적해서 보니 '왕수다'도 왔다. 산후안 쪽 알베르게가 별로였는지, 아니면 방이 모자랐는지 다들 이곳에 모였다. 날이 지날수록 론세스바예스에서 봤던 사람 중에 중간에 안 보이는 사람도 많아지고, 새로운 얼굴도 생긴다. 여름 휴가철이라 젊은 순례자가 많다. 젊은 친구를 보면 그의 젊음과 청춘이 부럽고, 나보다 나이 많은 분을 보면 식지 않은 열정에 놀란다. 그러면서 나도 그들과 함께 여기 이곳에 있다는 생각에 마음이 뿌듯해진다.

아주 작은 촌동네, 선택의 여지도 없는 단 하나의 레스토랑, 저쪽 테이블에 앉은 스페인 노부부는 상그리아 잔을 들고, 이쪽 테이블에 앉은 우리는 맥주잔을 들며 서로 미소로 건배한다.

오늘 하루도 아름답게 저물어 간다.

.

제15화

아타푸에르카(Atapuerca)에서
알티미라 동굴까지

\# 걷기 12일 차
\# Ages ~ 부르고스(Burgos)
\# 24.43km / 7시간 35분
\# 숙소 : Albergue de peregrinos Casa del Cubo de Burgos
      (€10, 다인실, 2층 침대)

원치 않는 이른 기상

오늘은 걷는 거리가 길지 않아 잠을 좀 더 자려고 했는데 원치 않게 5시에 일어났다. 이곳에서는 침대 1층에서 잤다. 침대 2층에 자던 덩치 큰 녀석이 밤새 뒤척이고, 새벽 1시경에는 침대에서 내려온다고 우당탕 한바탕 소동을 벌였다. 나뿐만 아니라 방에 있던 나머지 사람도 모두 잠이 깼지 싶다. 이 친구가 화장실 다녀와서 다시 침대로 올라갈 때는 마치 지진이 난 것처럼 침대가 흔들린다. 침대가 얇은 철제봉으로 만든 오래된 것이라 오르내릴 때 조심한다고 해도 어쩔 수가 없다. 알베르게마다 사정이 제각각인데, 리모델링이나 새 침대를 넣은 곳도 있지만 여전히 열악한 곳도 있다.

아침 기온은 16도로 어제와 같지만, 바람이 많이 불어 쌀쌀하다. 오늘처럼 어두운 새벽에 길을 나설 때는 전날 오후에 방향을 확인해 두는 게 좋다. 산티아고를 가리키는 노란 화살표를 찾아 따라가면 길을 잃지 않지만, 날이 채 밝지 않은 새벽에는 표시가 잘 보이지 않아 방향을 잃고 이리저리 헤매게 된다.

지금 걷는 비포장도로로 바로 옆이 차도다. 도로 옆에 인도가 있지만 자칫 돌부리에 넘어질 수 있어 차도 옆에 난 갓길로 올라가 걷는다. 앞서가는 사람도 같은 마음인지 갓길을 따라 걷고, 뒤에 오는 이들도 우리를 따라온다. 순례길을 걷다 보면 차도 옆을 걸어야 하는 경우가 종종 있다. 지나가는 차가 없다고 무심히 걷다가는 사고 날 위험이 있으니 항상 조심해야 한다.

십자가의 길

작은 마을, **아타푸에르카**(Atapuerca) 마을 입구에 큰 현판이 하나 서 있다. 원시인 그림 옆에 '고생물학 유적지, 유네스코 세계문화유산 30-11-2000'이라고 적혀 있다. 조금 더 가서 규모가 그리 크지 않은 박물관이 있고, 나랑 얼굴 생김새가 비슷한 동상이 있다. 새벽 시간이라 박물관 안을 둘러볼 수 없어 안타깝다. 이 지역은 청동기 시대에 살던 초기 인류의 거주지가 발굴된 고고학적으로 중요한 곳이다.

이곳에서 북쪽 해안으로 150km, 차로 2시간, 걸어서 5일 정도면 닿을 거리에 세계적으로 유명한 벽화가 있는 동굴이 있다. 칸타브리아(Cantabria) 지방의 도시인 산탄데르(Santander) 서쪽에 있는 **알타미라 동굴(Cueva de Altamira)**이다. 이 동굴은 1879년, 한 사냥꾼에 의해 우연히 발견되었는데, 놀랍게도 동굴 안에는 구석기인이 그린 벽화가 있었다. 고대 동굴 벽화 중에서 가장 뛰어난 작품으로 손꼽힌다. 벽면의 요철을 이용하여 빨강과 검정의 농담(濃淡)으로 입체감을 내고 점묘법을 사용하여 들소, 사슴, 멧돼지 등을 그린 벽화다. 구석기인 크로마뇽인의 뛰어난 예술적 솜씨를 보여준다는 평가다.

아타푸에르카 원주민 마을을 지나 뒷산을 오른다. 2km 구간의 화산암이 많은 오르막, 이 길을 **십자가의 길**이라 한다. 언덕 정상에 기다란 통나무로 만든 십자가가 서 있다. 아래에서 올려다보면 십자가는 파란 하늘을 배경으로 아무런 장식과 꾸밈없이 언덕 정상을 지키는 모습이다. 간결하고 소박한 십자가가 바람이 세차게 부는 언덕에 홀로 서 있는 모습은 어쩐지 숭고하다. 언덕에서 북쪽을 바라보니 아득하다. 저 평원이 수만 년 전에는 온통 숲으로 덮여 있지 않았을까 상상을 해 본다. 아타푸에르카의 원주민 중에는 이역만리 낯선 곳을 순례하는 나처럼, 저 멀리 알타미라 동굴 벽화를 그린 이들이 살던 곳으로 모험을 떠난 이들도 있지 않았을까. 이곳에서 걸어서 닷새 안에 닿을 수 있는 거리밖에 되지 않으니 그럴 가능성이 높다. 아니, 알타미라 동굴벽화는 구석기시대의 것이고, 이곳은 청동기 시대의 유적지이니 그곳에서 이곳으로 왔다는 상상이 더 합리적이다. 상상의 시간은 수만 년을 오가는데, 현재에 서 있는 나는 쌀쌀한 아침을 데워 줄 따뜻한 커피 한 잔이 그립기만 하다.

이탈리아에서 온 프란체스코

언덕 아래 오른쪽 저 멀리 큰 도시가 보인다. 지도상으로는 저곳이 오늘의 도착지인 부르고스다. 하지만 순례길은 그곳으로 바로 향하지 않고 작은 마을을 빙 둘러서 간다. 8km **비야발**(Villaval)까지 와서야 겨우 요기를 할 수 있었다.

며칠 내내 곁에서 걷는 '말라깽이 친구'랑 잠시 이야기를 나눴다. 체구도 작고 너무 말라서 어깨에 진 배낭이 너무 무거워 보여 볼 때마다 마음이 쓰인 친구다. 이탈리아 동부 해안 쪽에서 온 프란체스코라며 나이는 열아홉, 올해 고등학교를 졸업하고 곧 대학에 간다고 한다. 카페에서 빵과 커피값을 대신 내 줬더니 고맙다고 몇 번이나 인사를 한다. 저나이에 한 달이 넘는 순례길에 혼자 나설 정도라면 뭐든지 해 낼 수 있지 않을까. 대견하다.

아침 식사 후에는 줄곧 아스팔트 도로를 따라 걷는 길이다. 편안하고 무심하게 한 시간이 흐르고, 카페에서 커피 한잔. 여기는 부르고스 도시 외곽지역이다. 공장이 많은 곳인데, 주말이라 사람은 별로 없다. 이곳에서 부르고스 대성당까지는 10km 더 남았다. 안내서에는 21km라는데 도착해서 보니 전체 거리는 24km가 넘는다.

부르고스는 대도시라 모처럼 사람 구경, 거리 구경을 하니 좋다. 큰 슈퍼마켓을 찾아 점심과 저녁거리 장을 보고, 대성당 뒤편 알베르게에 도착, 오후 1시다. 대성당 바로 뒤에 있는 이 알베르게는 공립이라 가격이 싸다. 1인당 €10, 최근에 리모델링해서인지 시설이 아주 좋다. 침대 배치 구조도 편리하게 되어 있고, 깨끗하고 조용하다. 씻고 한숨

자야겠다.

여기는 순례길에서 가장 큰 도시, 부르고스다.

제16화

기적의 메달과 축복

걷기 13일 차
Burgos ~ 오르니요스 델 카미노(Hornillos del Camino)
21.48km / 6시간 2분
숙소 : El Alfar de Hornillos(€12, 4인실, 2층 침대)

부르고스 대성당의 별

밤사이 비가 와서 바닥이 젖었다. 비는 그쳤지만 기온은 15도로 제법 쌀쌀하다. 알베르게 앞 카페는 벌써 문을 열었다. 이 시각에 문을 여는 가게는 한 번도 못 봤는데, 주인장이 어지간히 부지런한 분인가 보다. 벌써 아침 식사를 하려는 사람들로 북적인다.

숙소 앞 오른쪽이 부르고스 대성당 뒤편이다. 성당 뒤쪽에 돌다리가 있는데, 노란 가로등이 순례자의 새벽길을 밝혀 준다. 빗물에 젖은 돌바닥은 가로등 빛을 여러 갈래로 튕겨내고 그 빛은 순례자의 발끝에 와 닿았다가 다시 대성당의 벽에 부딪혀 산란한다. 빛을 따라 성당 첨탑을 올려다보니 그 위에 샛별이 또렷하다. 하늘은 깊은 바다처럼 짙푸르고, 그 속의 별 하나가 유독 빛난다. 대성당의 높다란 첨탑 위에서 빛나는 별은 움직이지 않고 늘 그곳을 지키고 있을 것만 같다.

부르고스 대성당(Catedral de Santa Marai de Burgos)은 전형적인 고딕 양식의 성당으로 1984년 유네스코 세계문화유산으로 등록되었다. 1221년에 짓기 시작해 수 세기가 지난

1795년까지 공사가 이어졌다고 한다.

부르고스는 지금까지 지나온 도시와 마을 중에서 가장 큰 곳이다. 인구가 35만 명이 넘는다. 오후에 이곳에 도착하면 알베르게에 짐을 내려놓고 도심으로 산책을 나와도 좋다. 순례객뿐만 아니라 관광객이 많이 찾는 곳이고, 대성당을 중심으로 상가와 음식점이 즐비하다.

구도심의 아름다운 골목을 한참 지나서야 큰 도로를 만난다. 요즘 한국에서는 잘 보이지 않는 플라타너스 가로수가 인도 양편으로 쭉 늘어서 있다. 초등학교 다닐 적에 학교 운동장에도 플라타너스가 많았다. 나무가 어찌나 큰지 그 큰 운동장 한쪽을 모두 그늘로 감싸 안을 정도였다. 봄부터 가을까지 플라타너스 아래에는 늘 아이들이 북적였다. 아, 그리고 쐐기벌레. 그 플라타너스에는 쐐기벌레가 무척이나 많았다. 온몸에 가시가 돋친 쐐기벌레에 쏘이면 발이든 목이든 퉁퉁 붓고는 했다.

오늘은 발걸음이 무겁다. 카페에서 커피를 마시며 좀 쉬어 줘야 하는데, 마을이 없다. 7km를 더 걸어, 11km 지점에서 첫 번째 마을인 **타르다요스**(Tardajos)에 와서야 겨우 카페에 앉는다.

기적의 메달

들길을 걸은 지 20여 분, **라베 데 라스 칼사다스**(Rabe de las Cazadas). 여느 마을처럼 소박하고 아기자기한 집과 작은 광장, 빨간 베고니아가 피어 있는 화분이 창문틀마다 놓여 있다. 마을을 빠져나오는 길가에 **Ermita de la Virgen de Monasterio** 라는 이름의 작은 예배당이 있다. 이곳이 기적의 메달을 주는 곳이라고 한다.

예배당 안에 자원봉사 하시는 할머니 한 분이 우리가 한국 사람인 줄 대번에 알아보시고 "코리아?"라고 묻는다. 잠시 서서 기도하고 나오는데, 이름을 묻고는 한 손을 잡고서 같이 기도를 해 준다. 스페인 말이라 뭐라고 하는지 알아듣지는 못하지만 어떤 의미인지는 알 것 같다. '한국에서 순례 온 이 사람들이 순례를 마치는 날까지 신께서 잘 보살펴 주시옵기를 간절히 바라나이다~' 그러면서 작은 금색 목걸이를 목에 걸어 준다. 이게 바로 '기적의 메달'이라는 것인가 보다. 어느 낯선 스페인 북부 작은 마을에서 생전 처음 보는, 말도 통하지 않는 할머니가 해 주는 축복에 가슴이 충만해진다. 지친 몸에 에너지가 다시 채워지는 느낌이 들면서 귀국하는 날까지 잘 지낼 수 있을 것 같은 확신이 든다. 목걸이를 잃어버리지 말고 꼭 하고 다녀야겠다.

이제 남은 거리는 7km 남짓. 넉넉잡아 두 시간이면 갈 수 있다. 하늘에는 구름 한 점 없고, 들판에는 추수가 끝난 누런 밀 나락이 벽처럼 쌓여 있다. 군데군데 여전히 활짝 핀 해바라기만이 쏟아지는 햇살을 향해 얼굴을 내민다.

오늘 목적지는 **오르니요스 델 카미노**(Hornillos del Cami-no)라는 아주 아주 작은 마을이다. 인터넷 검색을 해보니 2018년 조사에서 인구가 58명이다. 올해가 2022년이니 지금은 50명도 채 되지 않을 듯하다. 하긴 저녁 식사를 하러 레스토랑을 찾아 올라가는데, 산책 나온 큰 개와 작은 강아지도 서로 아는 사이인지 슬쩍 냄새를 한번 맡으며 안부를 확인하고는 태연히 자기 갈 길을 간다. 이 작은 마을에서야 서로 모를 리 있겠나.

이곳 주민 수보다 많은 순례자가 날마다 찾아와 고요한 마을의 골목에 웃음소리를 퍼뜨린다. 마을에 잠시 생기가 돈다.

여기는 아주 아주 작은 마을, 오르니요스 델 카미노다.

제17화

산 안톤(San Anton) 수녀원을 지나

\# 걷기 14일 차
\# Hornillos del Camino ~ 카스트로헤리스(Castrojeriz)
\# 21.37km / 6시간 17분
\# 숙소 : A Cien Leguas hostel(€12, 다인실, 2층 침대)

중국 부자 정군과 방 작가

밤에 잠을 많이 설쳤다. 그저께도 그랬고 어제도 그랬다. 같은 방에서 잔 사람이 코를 무지하게 골아서다. 나도 코를 많이 고는 편이라 다른 사람에게는 미안한 일이지만 가급적 먼저 잠이 들려고 애를 쓴다. 다행히 먼저 잠이 들면 괜찮지만 코를 고는 상대가 먼저 잠이 들면 그날 밤은 잠들기가 쉽지 않다. 먼저 잠이 든 날에도 코골이 고수들이랑 잘 때는 자다가도 깬다. 나를 상대하는 그들도 마찬가지일 텐데, 코골이가 무슨 무공이랍시고 겨눌 수는 없는 일, 그날그날 운수에 맡길 수밖에 없는 노릇이다.

어제 숙소는 침대가 많지 않은 소박한 알베르게였다. 4인실을 배정해 주기에 좋아했다. 방에 가보니 전날 알베르게에서 본 적이 있는 한국 청년 정군(별명은 중국 부자)이 먼저 와 있다. 한 명 더 오기로 했다면서 2층도 잡아 놨단다. 모처럼 한국인들끼리 눈치도 덜 보고 잘 되었다 싶었다. 뒤에 온 방 작가랑 둘이서 저녁 먹으며 포도주를 한 병 나눠 마시더니 스테레오 사운드로 밤새 연주한다. 나까지 트리오로 엄청났다는 후문이다. 뭐 그랬다는 얘기다.

정군은 직장 다니다가 최근에 힘든 일이 있어 그만두고 순례를 왔다고 한다. 힘들게 걸으면 잡생각이 다 없어지고 생각을 비울 수 있을 거로 생각했는데, 오히려 잡생각이 더 많아진단다. 나도 그렇다고 했다. 같이 있는 방 작가는 1인 출판사를 경영하는 CEO 겸 여행 작가다. 큰 회사에서 홍보 팀에 몇 년을 근무하고 4년 전에 독립해서 처음에 좀 고생했지만, 요즘은 먹고살 만하단다. 여행을 다니면서 글을 쓰고, 유료 구독자에게 소식지를 보내고, 책 출판도 한다. 여행 다니면서 먹고사는 직업이니 얼마나 좋겠냐 싶어 부럽기 그지없다. 조만간 나도 해보고 싶은 일이다.

그런데 가만 보니 커다란 배낭은 기본이고 노트북에 기다란 망원 렌즈 단 카메라까지 들고 다니느라 목 부위에 멍이 들었단다. 배낭 하나는 동키로 보내고 좀 편히 다니라고 했더니, 독자에 대한 진심이 아니라고 그렇게는 못 한단다. 젊은 친구가 심지가 대단하다. 방 작가랑 정군은 후에 한국에서 여러 번 만났다. 근무하는 학교에 와서 선생님들 대상으로 여행 강의도 하고, 2차 순례에서 만난 태준이도 함께 모여 이야기꽃을 피웠다.

행복한 아침

8월 7일, 일요일 아침. 어두운 길에 드리워진 희미한 가로등 불빛이 새로운 아침을 이끈다. 상큼하고 싱그러운 바람이 얼굴을 스쳐 지나간다. 오늘 하루도 즐겁고 행복할 것이라는 신호다. 이른 아침, 잠을 깨우는 알람 소리와 먼저 일어난 이들이 부스럭거리는 소리가 침낭에서 빠져나오지 않으려는 몸에 신호를 보낸다. 신호를 받은 몸은 서서히 움직이기 시작하고 심장은 밤새 쉬고 있던 뇌로 피를 뿜어 올린다. 뇌의 시냅스에 약한 전기 스파크가 일어나면서 몸과 정신이 서서히 깨어난다. 팔과 다리의 근육이 긴장하면서 하루를 시작할 채비를 한다. 알베르게의 문을 나서는 순간, 골목을 휘돌아 나가는 바람이 온몸에 생기를 훅 불어넣는다.

마을을 빠져나와 3.7킬로미터 지점, 오르막 끝에 넓은 들판이 있다. 해발 780m가 넘는 이곳에 이처럼 광활한 들판이 있다니. 앞뒤로 보이는 것은 온통 밀밭뿐, 그 끝은 하늘과 닿았다. 앞쪽은 푸른 바다요 뒤쪽은 붉은 바다다. 뒤쪽 먼 들판 아래에서 해가 서서히 올라오는지 하늘에 붉은 기운이 깔린다. 뒤를 돌아 잠시 가만히 서 있는다. 그라뇽 마을 정자나무 아래에서 바라본 해돋이와는 또 다른 장관이다. 해돋이의 장관을 마주하는 시간은 이른 아침에 순례를 시작하는 자만이 누리는 특권이다.

그렇다고 아름다운 장면이 주린 배를 채워 주지는 않는다. 배고픔은 매일 해가 뜨는 것과 함께 변함없이 찾아오는 진리다. 11km를 걸어 마을 중앙 우뚝 솟은 성당 첨탑이 아름다운 **온타나스**(Hontanas)에 도착. 마을이 내려다보이는 야외 탁자에 앉아, 카페 콘 레체, 크루아상과 삶은 달걀 하나로 아침 식사를 한다. 이곳은 다른 곳과 다르게 카페 마당에 푸른 잔디가 깔려 있다. 주인이 기르는 개인지 털이 복슬복슬한 녀석도 느긋하게 아침을 즐긴다. 신발을 벗고 잔디밭에서 이 녀석과 한참을 놀았다.

야외 온천을 만들까

산등성이로 난 좁은 길을 따라 4km를 걸어, 15km 지점부터는 아스팔트 길을 따라 걷는다. 차선이 하나밖에 없는 길이라 조심해야 한다. 앞뒤에서 차도 가끔 지나가고, 자전거로 하이킹을 하는 사람도 많다. 20여 명의 무리가 지나간다. "부엔 카미노"를 외치며 손을 흔드는 아이들은 고등학생쯤 되어 보인다. 선생님으로 보이는 인솔자도 두세 명이다. 길을 걷다 보면 가끔 단체로 여행하는 중고등학생 무리를 만난다. 우리나라에서는 쉽지 않은 일이다. 어느 학부모가 이런 위험천만(?)한 여행에 동의하겠나. 위험할 뿐만 아니라 시간 낭비일 뿐이라고 말도 꺼내지도 못할 일이다.

저만치 아스팔트 위로 석재 아치형 문이 있다. 아치 주변에 붙어 있는 성하지 않은 오래된 벽체는 지금은 폐허가 된, **산 안톤 수녀원(San Anton)**의 흔적이다. 1146년에 처음 설립되었으며, 현재의 유적은 14세기의 것이라고 한다. 밀의 균류에 의해 발생한 병, 일명 '산 안톤의 병, 신성한 불, 병든 불의 병'이라는 질병에 걸린 사람을 치료하는 곳으로 유명한 곳이다. 산티아고 순례자를 돌보는 기능도 했다고 한다.

그러고 보니 숙소에서 샤워할 때 물이 달랐다. 경남 창녕 부곡 온천의 물처럼 미끈미끈한 잔감이 있었다. 이곳에 야외 온천을 만들어 발의 상처도 치료해 주는 서비스를 하면 돈도 좀 벌 수 있겠다 싶은 자본주의적 생각이 불쑥 튀어나온다. 숭고한 순례길을 열흘 하고도 나흘을 더 걸었는데도 이런 생각을 하다니, 어휴 아직 수행이 덜 되었다.

저 멀리 오늘 도착지 마을이 보인다. 하루 중에 이때쯤이 가장 힘들다. 생각하고 있던 숙소까지 갔더니 자리가 없단다. 근처 슈퍼마켓에서 간단히 장을 보고, 다시 몇 백 미터를 되돌아온다. 차선으로 잡은 알베르게가 사람도 많지 않아 오히려 좋다. 알베르게에 있는 바에서 하는 저녁식사, 크림수프, 소고기 안심 요리, 바게트, 포도주 반병, 그리고 디저트로 아이스크림까지 제공되는데 가격이 €11다. 거기다가 작은 창을 통해서 붉게 물든 마을을 내려다보며 유럽 여행의 기분을 만끽하는 서비스는 공짜다.

여기는 음식이 맛있고 값이 싼 카스트로헤리스다.

제18화

———

우리 몸에 새겨진 태양의 흔적

걷기 15일 차
Castrojeriz ~ 프로미스타(Fromista)
27.05km / 8시간 13분
숙소 : A Cien Leguas hostel(€12, 다인실, 2층 침대)

아주 작은 마을, 카스트로헤리스

아침 6시 정각, 같은 방에 있던 사람들은 모두 출발했고, 나이 지긋한 아주머니 두 분만 아직 깨지 않고 누워 있다. 여기서 4km 지점인 **모스텔라레스(Mostelares) 고개**에서 일출을 보려면 이 시간에는 나서야 하는데, 저렇게 느긋한 걸 보면 저 두 분은 사전 조사를 안 한 모양이다. 숙소를 나서서 제법 가파른 언덕을 올라가면 작은 대피소가 있는 메세타 고원이 나온다. 거기서 보는 일출이 장관이라는 소문이다. 그래서 다들 일출을 기대하며 일찍 나선다.

거의 모든 숙소는 밤 10시에 출입을 제한하고, 소등하고, 와이파이도 끈다. 이른 아침에 일정을 시작하는 이들을 위한 최소한의 규칙이다. 대부분은 아침 5~6시에 출입문을 열어주는데, 더 일찍 출발하는 사람은 따로 문 여는 방법을 알아 두거나 뒷문을 이용한다. 문을 열어 둘 시간인데, 숙소의 정문 쪽은 잠겼다. 뒷문을 살펴보니 안에서 열고 나갈 수 있다. 문을 열고 나가 산티아고 안내 화살표를 찾아 걷기 시작한다. 마을이 작아 낯선 골목을 빠져나가는 것이 어렵지 않다. 기온은 제법 높지만, 아침 공기는 쌀쌀하다.

저 멀리 하늘과 지평선 사이에 땅이 솟아 오른 듯 높다란 고원이 보인다. 오늘 지나가는 모스텔라레스 고개는 최고 900m 높이의 메세타 고원(700~800m 정도 높이에 형성)을 넘어 가는 고개 중 하나다. 오늘 일출 시각은 7:18, 그전에 고개 정상에 올라가야 일출을 감상할 수 있다. 물론 구름이 없는 맑은 날씨도 협조해 줘야 가능한 일이다. 고개가 제법 높다. 오르막 시작 지점에 표지판이 있다. 경사는 12도, 길이는 1005m, 만만찮은 오르막이다. 그래도 이 고개만 넘으면 그 다음 20km는 대부분 평지다. 숨을 헐떡이며 고개 정상에 서니 7시가 조금 넘은 시각이다.

모스텔라레스에서의 일출

고개 정상에서 뒤돌아 지난밤을 보낸 카스트로헤리스 마을을 바라본다. 마치 바다 위에 떠 있는 섬 같다. 주변의 낮은 밀밭은 바다이고, 마을은 그 바다 한가운데 우뚝 솟아 있는 하나의 섬. 섬의 꼭대기에는 무너진 성터(Castle of Castrojeriz)가 있고, 성(城)으로 올라가는 길이 선명하다. 어제

마을로 들어갈 때는 보이지 않던 길인데, S자가 두 번 굽은
형태의 길이 나 있다. 성이 제 역할을 하던 시절에는 저 길
을 따라 사람과 말이, 그리고 짐을 진 당나귀가 오르내렸을
것이다. 그리고 평화롭지 않은 시절에는 무기를 든 군사들
이 피 묻은 창칼을 들고 성을 향해 달려들었으리라. 이토록
아름답고 평화로운 모습을 보며 전쟁의 참혹함을 떠올리는

건 왜일까?

마을 꼭대기의 무너진 성 뒤편 저 너머 언덕 위가 붉게 물들기 시작한다. 해가 서서히 떠오른다. 언덕 위에는 찬바람이 세차게 불고, 순례자가 하나둘 모여든다. 모두 스마트폰을 들고 일출의 장엄한 장면을 담느라 여념이 없다. 그러나 어찌 한낱 스마트폰에 달린 카메라로 저 장엄함을 담아낼 수 있단 말인가. 추억을 남기려고 연신 사진을 찍지만 이 순간의 벅찬 감동은 끝내 담아내지 못하리라. 그저 눈으로 바라보면서 가슴에 담을 뿐이다.

일출 장면은 언제 보아도 장엄하다. 저 태양이 있음으로 해서 지구에 생명이 자라고, 온갖 동물이 살아갈 수 있다는 사실을 알기 때문일까. 저 태양이 이 모든 생명과 에너지의 원천이라는 사실을 몸속 어딘가에 문신처럼 새겨놓은 것일까. 33억 개나 되는 인간 DNA 중에 태양의 DNA가 있는 게 분명하다. 그래서 누구나 태양을 보면 가슴 저 안쪽으로부터 무언가가 끓어오르는 것이다.

고개에서 다음 마을까지는 7km나 된다. 어제저녁 식사 시간에 레스토랑에서 만났던 영국인 부부가 앞서 걸어간다. 남자분 왼쪽 무릎에 보호대를 찼는데 많이 쩔뚝거린다. 생

장에서부터 여기까지 3주, 15일째인 나보다도 6일이 더 걸렸
으니 하루에 걷는 거리가 길지 않은 모양이다. 영국인 부부
는 시간이 많아 천천히 걸어 산티아고 데 콤포스텔라까지
완주할 거라고 한다. 이 속도라면 아마도 두 달 정도는 걸리
지 싶다.

효과 좋은 관절 약

드디어 카페다. 첫 번째 만나는 마을 **이테로 데 라 베가**
(Itero de la Vega). 영국인 부부랑 같은 카페에 들어갔다. 아
무래도 무릎이 마음에 걸려서 가지고 온 관절 약을 두 포
챙겨 드렸다. 태국에 있을 때 지인이 준 약인데, 효과가 좋
아 가져온 것이다. 그 자리에서 바로 물에 타서 먹는 걸 보
니, 불편해도 많이 불편했던 모양이다. 약 효과가 있으면 좋
겠다.

커피를 마시고 먼저 일어나서 간다. 한참 뒤에 따라나섰
는데, 왠지 걸음이 가벼워 보인다. 걸음이 빠르지 않았는데
쉬기 전의 상황과는 너무 다르게 잘 걷는다. 약효가 좋기를

바랐는데, 플라세보 효과인지, 진짜로 약효가 난 건지 모르지만 아무튼 잘 걸어 다행이다. 나중에 언덕 위에서 쉬고 있는 그에게 물어보니 확실히 좋아졌다고 활짝 웃는다. 온천 만들고 관절 약도 같이 팔까?

20km를 걸어오는데 5시간 반이 걸렸다. 두 번째 마을인 **보아디아 델 카미노(Boadilla del Camino)**에 도착. 마을 입구 그늘 벤치에서 잠시 쉬는데 그저께 길가에서 만난 '미스터 아일랜드'(이 친구는 만날 때마다 핸드폰을 달래서 사진을 찍어 준다)가 개울에 발을 담그고는 들어오라고 성화다.

마을을 지나서 크지 않은 운하(Canal de Castilla)가 있다. 폭이 10m 남짓한 그리 넓지 않은 운하인데, 18세기 후반에 만들어진 것이라고 한다. 보아디아 델 카미노에서 오늘의 목적지인 프로미스타까지 5km나 이어지는 운하다. 폭은 넓지 않지만 수량이 많아 유람선이 다닐 정도다. 프로미스타 입구에 선착장이 있고, 여행객이 더러 모여 있다.

선착장에서 1.5km를 더 걸어, 마침내 숙소에 도착. 어제 숙소에서 같은 방을 쓴 미국인 가족이 먼저 들어와 있어, 멋쩍게 웃으며 "아엠 쏘리"라고 했더니, 아들 녀석도 웃으며

"오케이" 한다. 어제 낮잠 자면서 코를 심하게 골았다는데
또 같은 방을 쓰게 되어 미안하게 됐으니 이해해 달라고 한
말이다. 녀석도 무슨 말인지 단번에 알아듣고는 오케이다.

'어쩌겠나, 이건 내 뜻이 아니라네. 오늘 밤은 아무쪼록 굿
나잇~'

제19화

모든 길 위에는 사람이 있다

걷기 16일 차
Fromista ~ 카리온 데 로스 콘데스(Carrion de los Condes)
22.69km / 7시간 2분
숙소 : Albergue Luz de Fromista(€12, 다인실, 2층 침대)

프로미스타의 의미

출발 전, 부엌에서 요플레를 먹으며 독일에서 온 빡빡머리 아가씨 로지랑 인사를 나눴다. 며칠 전부터 계속 보던 친구인데, 큰 키에 머리를 아주 짧게 깎은 모습이라 눈에 잘 띈다. 군인인가 싶기도 한데 직업이 무엇인지는 물어보지 못했다. 항상 밝은 얼굴로 혼자 다닌다. 어젯밤에는 부산에서 오신 여선생님을 만났는데, 이번이 세 번째 순례 여행이라고 했다. 바다가 가까운 북쪽길을 걷다가 알베르게가 많지 않고 문 닫은 곳도 있어서 다시 프랑스 길로 내려와 걷는 중이란다. 하루에 40km를 걷는 강행군을 한다는데 체력이 대단하다. 로지도 부산 선생님도 혼자 다니는데, 그들의 용기가 부럽다.

걷기 16일 차를 시작한다. 오늘은 거리가 좀 짧은 코스라 늦장을 부렸다. 아침 기온은 18도.

어제 도착한 이 도시는 **프로미스타**(Fromista)이다. 도시 입구에 선명한 파란색으로 FROMISTA라는 알파벳 표지판이 서 있다. 도시의 이름에는 두 가지 설이 전해진다. 하나는 '첫 번째' 혹은 '가장 중요한 것'이라는 뜻의 서고트 사람의 이름에서 유래했다는 것이고, 다른 하나는 곡식을 뜻하는 라틴어 프루멘툼(Frumentum)에서 유래했다는 설이다. 중요한 곳이거나 곡식이 풍부한 곳이거나 하다는 의미인데, 오래전에 곡식만큼 중요한 것이 없었을 테니 두 가지 설이 모두 같은 의미라고 하겠다. 지금은 인구가 천 명도 되지 않는 작은 마을이지만, 예전에는 풍부한 밀 재배로 상당한 인구가 거주했다고 한다.

알베르게가 큰길가에 자리하고 있어서 산티아고 가는 길을 찾기는 쉽다. 큰길을 따라 300m 내려가면, 환한 조명에 드러난 단아한 모습의 **산마르틴 성당**(Iglesia de San Martin de Fromista)이 있다. 불빛에 모습을 드러낸 베이지색 건물은 단순하고 균형 잡힌 모습으로 묘한 경외심을 갖게 한다. 나바라의 왕 산초 마요르의 미망인인 도냐 마요르가 1035년에 건립한 이 사원 안에는 특별한 가치를 지닌 십자가에 못박힌 그리스도가 보존되어 있다고 하는데, 이른 시간이라 직접 보진 못했다.

산마르틴 성당을 지나 차도를 따라 일직선으로 길이 나 있다. 도로와 걷는 길 사이에는 작은 도랑이 있어 차가 빠르게 지나가도 위험하지는 않다. 쭉 뻗은 길을 한낮에 걸으면 지루하고 힘들었겠지만, 아침 시간에는 괜찮다.

마을을 돌아 나와 4km 지점에서 길이 갈라진다. 앞서간 정군이 갈림길에서 기다리다, 왼쪽으로 가면 아스팔트 도로라 편하고, 오른쪽으로 가면 들판을 지나는 비포장 길인데 조금 더 길다고 알려준다. 오른쪽 길이 더 자연 친화적이라고 지나가던 빡빡머리 로지도 한마디 거든다.

미스터 아일랜드, 테디

이 구간은 메세타 평원이 200km 이어진 곳이라 주위의 풍경이 비슷비슷하다. 끝없이 펼쳐진 밀밭, 그 사이에 초록과 노란색의 해바라기밭, 그 너머에 깊이를 알 수 없는 바다 같은 하늘. 몇 킬로미터마다 있는 작은 마을. 그래도 오늘은 사시나무 숲을 지나게 되어 풍광이 다르다. 멀리서는 자연적으로 큰 군락을 이루고 있는 듯 보였는데, 가까이 보니 일부러 식재를 한 모양인지 나무들이 가지런하다. 사시나무는 얼핏 보면 자작나무 비슷한데, 나무가 굵고 잎이 커서 나무는 바람에 흔들리지 않지만, 잎이 바람에 떨리는 소리가 더 크다. 그래서일까, 자작나무 잎의 흔들림은 수줍게 웃는 소리에 비유하고 사시나무는 잎이 떨린다고 한다. 사시나무의 커다란 떨림은 광활한 메세타 평원에 어쩐지 잘 어울린다.

8km 지점에서 드디어 오아시스 발견. 오늘은 커피 한 잔만 주문한다. 어젯밤 숙소에서 삶아 온 달걀이 있어서, 정군이랑 나눠 먹는다. 어디선가 '미스터 아일랜드'가 혜성같이 나타나 핸드폰을 가져가선 사진을 찍어 준다. 어찌나 붙임성이 좋은지 지나가는 사람, 만나는 사람마다 친구다. 한쪽 다리가 아픈지 살짝 절어 멀리서도 알아볼 수 있다. 혼자 걸어 다니는 법이 없고, 늘 누구와 붙어 다닌다.

이 친구 신상이 궁금해서 이것저것 물어봤다. 늘 명랑하고, 다른 사람과 잘 지내는지라 '당신, 혹시 유치원이나 초등학교 선생님'일 것 같다고 했더니 아니라고 한다. 카펜터, 목수 일을 하고, 골프장에서 그린 키퍼, 잔디를 관리하는 일을 한단다. 그러면서 골프를 잘 친다기에 나도 싱글 골퍼이고 핸디캡이 '5'라고 우쭐 했더니 자기는 핸디캡이 이븐(0)이라며 으쓱한다. 보기에는 골프를 잘 칠 것 같지 않은데, 확인할 방법이 없다. 자기 부친이 드라이빙 레인지(야외 골프연습장)

를 운영하는 사람이라 골프한 지 20년이 넘었다고 너스레를 떤다. 이 친구 실력을 확인하러 아일랜드에 가 봐야 하나?

카페에서 걸어 나오며 '미스터 아일랜드'랑 나란히 걸었다. 아침 내내 빡빡머리 아가씨 로지 옆에 있더니 튕긴 모양이다. 이름은 '테디', 테디 베어 할 때 테디라고 해서 한 번 듣고 잊어버리지도 않는다. 손에 낀 반지랑 핸드폰에 있는 아내 사진도 보여준다. 활짝 웃는 두 사람의 모습이 참 행복해 보인다.

그런데 사랑하는 아내는 2년 전에 가슴, 폐, 뼈 등에 암이 생겨서 일찍 세상을 떠났다고 한다. 테디가 마흔일곱이니 아내도 그즈음 되었을 텐데. 아이도 어릴 때 병으로 세상을 떠나 가족이 없어 혼자 순례길에 왔다고 한다. 이렇게도 명랑한 사람에게 이런 깊고 큰 아픔이 있었다니, 사람은 겉만 보고 알 수 없는 노릇이다. 이번 순례에 나선 건, 아마도 먼저 떠난 아내와 아이를 온전히 생각하고픈 테디의 간절함이 아니었을까. 사시나무가 더 크게 떤다.

화려한 제단화

오늘은 오르막도 내리막도 없이 길이 평평하다. 테디의
앞날도 이 길처럼 편안하면 좋겠다. 길의 끝에서 그의 숨겨
진 아픔과 고통이 치유될 수 있으면 좋겠다. 산티아고 콤포
스텔라 성당 광장에 서서 그 아픔을 다 내려놓을 수 있으면
좋겠다. 그 친구의 밝고 건강한 모습은 꼭 그렇게 될 것이
라 말한다. 콤포스텔라에 도착해서 테디를 한번 안아 주고
싶은데, 끝까지 함께 하지 못하는 것이 못내 아쉽다.

그런 생각을 하며 저편 들판을 보니 양치기가 양을 몰고
간다. 양몰이 개가 이리저리 뛰어다니며 옆으로 새는 양을
열심히 몰아간다. 양떼를 뒤로하고 한참을 걸어 교회(Iglesia
de Santa María La Blanca)에 도착. €1를 내고 안으로 들어갔
다. 제단화가 화려하고 멋진 곳인데, 제단화에 조명을 켜려
면 또 €1를 내야 한다. 성당도 자본주의화 되어가는 것인가.
조명을 받은 제단화는 화려하기 그지없다.

이 성당은 12세기 말에 기사단이 카미노 데 산티아고에
건설한 사원 요새다. 1274년에 사망하여 이곳에 묻힌 알폰

소 10세(Alfonso X)의 형제인 펠리페(Felipe), 그의 두 번째 아내 아이네스(Inés Rodríguez Girón)와 산티아고의 기사 돈 주앙(Don Juan de Pereira)의 석관이 있다. 성 야고보가 신의 뜻을 전하기 위해 걸었던 이 길 곳곳에 높은 신분의 귀족은 천 년의 세월이 지나도 웅장하고 화려한 교회에서 편히 쉬고 있는 모습이 아이러니하다.

저 멀리 카리온 마을이 보인다. 족히 5km는 남았다. 오늘 길은 변화도 없고, 볼거리도 없는 어쩌면 지루한 길이지만, 사람의 이야기가 있고, 사시나무의 큰 떨림이 있는 길이다. 모든 길 위에는 그 길을 걷는 사람과 사람의 이야기가 있다.

오늘 밤에는 테디를 위해 기도하며 자야겠다.

제20화

2,000km를 걸어 온
하르츠와 마리아

걷기 17일 차
Carrion de los Condes ~ 레디고스(Ledigos)
24.18km / 7시간 2분
숙소 : Monasterio de Santa Clara(€9, 싱글 침대 2개)

달걀은 누가 삶았지?

어제 알베르게는 아주 좋았다. 산타클라라 수녀원에서 운영하는 알베르게인데, 싱글 침대 두 개가 있는 방인데도 가격이 무척 싸다. 사람도 많지 않아 조용하고 샤워 시설도 좋다. 방에는 여느 집 창문과는 다르게 바깥쪽에 석회로 작은 둥근 창을 덧대어 놨다. 창문을 열고 밖을 보면 수채화 한 점을 걸어 놓은 듯 보인다. 수녀원에 머무는 사람은 저마다 그림 한 점도 갖고 있는 셈이다. 저녁은 주방에서 직접 해 먹었다. 잠시 산책을 다녀왔는데 냉장고에 넣어 놓은 달걀을 누가 자기들 것인 줄 알았는지 삶아 놔서 먹어보니 너무 맛나게 잘 삶아 한참 웃었다.

이번 1차 순례는 4일 '밖에' 남지 않았다. 아침 기온은 20도, 아주 포근한 날씨다. 오늘은 27km 이상을 걷는 좀 긴 코스다. 게다가 출발해서 17km에 첫 번째 마을이 있어 간식과 물을 미리 챙겨야 한다.

마을을 빠져나오는 지점에 성 야고보와 성모상 앞에 한쪽 무릎을 꿇은 순례자 동상이 있다. '인생에서 당신은 순례자

입니다. 신의 영원까지'라는 현판이 붙어 있다. 동상이 있는 로터리를 돌아서자 길이 곧게 쭉 뻗어 있다. 도로 옆에 잔모래를 깔아 편하게 걸을 수 있게 따로 길을 만들어 놓은 이들의 마음이 감사하다. 편한 길을 5km를 걷고, 길옆 벤치에 앉아 잠시 쉰다. 지난밤에 누군가 대신 삶아 준 달걀을 맛있게 먹으면서 또 한참 웃었다.

같은 듯 다른 길

지금부터는 들판을 가로지르는 길이다. 들판에 들어서자 끝이 보이지 않는 길이 무려 12km 일직선이다. 누군가는 이런 길이 지루하고 재미없다고 하지만 내겐 그렇지 않다. 거의 매일 비슷한 길이지만, 어제와 오늘의 내가 다르듯 길도 다르게 다가온다. 오늘과 내일의 일상이 쳇바퀴처럼 느껴지지만, 그 매일의 일상이 모여 인생을 만들어가듯 비슷한 이 길이 결국 산티아고 콤포스텔라로 나를 이끈다.

앞서가던 잘생긴 프랑스 청년이 길가에 있는 작은 표지판을 가리키더니 뒤돌아보며 씩 웃는다. 'Food truck, 400m'

길가 들판 한쪽에 푸드 트럭이 있다. 제법 규모가 크다. 숙소로 사용하는 미니버스 한 대, 카페로 사용하는 트럭 한 대, 게다가 탁자와 의자를 넣어 놓는 창고 컨테이너까지 갖췄다. 일은 젊은 사람 혼자서 능숙하게 커피를 내리고, 빵을 접시에 담고, 오렌지 주스를 따르고, 계산까지 물 흐르듯 해 낸다. 초콜릿 크루아상을 맛있게 먹는 나를 보더니, 프랑스

산티아고, 내 생애 가장 아름다운 33일

청년이 그 빵은 프랑스빵이 아니라고 한마디 한다. 제대로 된 크루아상이어야 프랑스빵이라는 말인가 싶어 씩 웃었다. '그래 니 말이 맞아!'

13km 지점까지 걷다 물집 때문에 발이 너무 아파 잠시 쉬어 간다. 예상치 못한 일이다. 살다 보면 늘 그렇다. 뜻하지 않는 행운보다는 뜻하지 않은 불행이 더 자주 찾아오는 게 인생이다. 다만 그 불행이 너무 크지 않기를 소망하며 사는 것이다. 쇼펜하우어도 열 가지의 행복을 추구하지 말고 한 가지의 고통을 피하도록 노력하는 것이 행복으로 가는 길이라고 했다. 그러니 발바닥에 문제가 생기지 않은 것만으로도 감사하게 생각하며 열심히 걷는다.

"부엔 카미노~"

옆을 지나가는 60대 초반의 불가리아에서 온 남자분이 인사를 한다. 생장에서 출발했다는데, 여기까지 12일이 걸렸단다. 나는 17일째인데, 5일이나 단축했으니 엄청난 속도다. 하루에 35~40km 걷는단다. 와우~ 불가리아에서 오리지널 불가리아 요구르트를 많이 먹어서 그런가요 했더니 듣는 둥 마는 둥 몇 마디 나누고는 금방 저만치 앞서간다.

드디어 첫 마을에 도착. 끝이 보이지 않던 길도 한 발, 두 발 작은 걸음이 끝내 이겨낸다. 중간에 도로가에서도 잠시 쉬었으니, 이 마을은 패스. 두 번째 마을까지는 두 시간이면 충분하다. 저 멀리 먹구름이 잔뜩 몰렸다. 가끔 천둥 번개도 친다. 살짝 비가 내려도 다행히 쏟아지지는 않는다. 바람은 시원하고, 발은 고통에 익숙해져 걸을 만하다.

원래 계획했던 세 번째 마을까지 가지 않고, 3km 전인 두 번째 마을에서 쉬어 가기로 했다. 내일 조금 더 걸으면 된다. 알베르게가 너무 좋다. 도미토리는 1인당 €15로 좀 비싼 편이다. 더블룸이 €40라 €10 더 내고 더블룸에 묵었다. 침대도 좋고, 타월도 있고 심지어 복도 샤워실에 드라이기도 있다. 드라이기는 이번 여행 중에 처음 보는 '진기한' 물건이다. 오늘 저녁과 내일 아침은 뽀송뽀송하겠다. 샤워하고 큰 타월로 몸을 닦고 드라이기까지 사용하니 몸이 날아갈 듯 가볍다. 아주 편안한 낮잠을 잤다.

뮌헨에서 걸어온 하르츠와 마리아

커플 네 팀만 다정히 앉은 알베르게 카페에서 야채샐러드와 치킨 요리를 주문했다. 나머지 커플은 모두 60대 이상이다. 그저께 관절 약을 나눠줬던 잉글랜드 부부도 있고, 바로 옆 테이블에는 독일에서 온 하르츠와 마리아 부부가 앉았다. 이 독일 부부는 뮌헨에서 왔다고 한다. 나는 세종시에서 생장까지 오는 데 이틀이나 걸렸다고 너스레를 떨었더니 자기들은 뮌헨에서 걸어서 왔다고 한다.

"뭐라고요? 독일 뮌헨에서 프랑스 생장까지 걸어서 왔다고요?"

"뮌헨에서 스위스 제네바, 인터라켄을 거쳐서 생장까지 왔어요."

"거리가 얼마나 되나요?"

"2000km 정도 됩니다."

"며칠이나 걸었어요?"

"지금 넉 달째 걷는 중이에요."

입이 딱 벌어진다. 나이를 물어보니 하르츠는 61세, 마리아는 59세. 두 달쯤 지났을 때는 '여기가 어딘가, 왜 여기에 있나?' 그런 생각이 들었다면서 마리아가 살짝 눈시울을 붉힌다. 다리가 아파서 아주 힘들 때도 있었지만 지금은 괜찮다며 웃는다. 힘들지만 행복하기 때문에 걷는 것이다. 행복하지 않으면 그렇게 긴 거리를 그토록 오래 걸을 수 없지 않겠나. 마리아의 눈물은 고통의 눈물이 아니라 스스로에게 놀라고 기뻐하는 환희의 눈물이지 않을까.

이 프랑스 길도 2010년에 한 번 걸었는데, 그때 생각을 하며 이번에 다시 걷는 거라고. 이들에 비하면 내가 걷는 건 걷는 것도 아니다. 두 사람의 얼굴에는 온화함이 가득하고, 밝은 빛이 돈다. 그토록 오랜 시간을 햇볕 속에 있었는데도 얼굴이 맑다. 닮고 싶은 얼굴이다. 제주도 올레길도 아주 좋다고, 한국에 꼭 한번 오라고 이메일과 전화번호를 적어 줬다. 한국에 오면 올레길을 같이 걷고 싶다.

후기를 쓰기 위해 카페 바깥으로 나왔더니 바람이 많이 분다. 밤에는 비가 오려는지, 바람에 습기가 가득하다. 내일은 28km 긴 코스다. 하르츠와 마리아가 지나온 2000km에 비하면 아무것도 아니다. 말 그대로 조족지혈(鳥足之血)이요 족탈불급(足脫不及)이다.

제21화

하프 순례증명서를 받다

걷기 18일 차
Ledigos ~ 베르시아노스 델 레알 카미노
  (Bercianos del Real Camino)
29.23km / 8시간 20분
숙소 : La Morena(€40, 2인실, 싱글 2개)

이만하면 충만한 아침

어제 계획보다 3km를 덜 걷고 쉬었으니, 오늘은 그만큼 더 걸어야 한다. 기온 18도, 새벽에 비가 제법 내려 기온은 높은데 불어오는 바람은 쌀쌀하다. 동네 어디서 잔치가 벌어졌는지 밤새 떠드는 소리가 들렸다. 이 이른 아침에도 중·고생쯤 되는 아이들 여럿이 마을 회관 같은 곳에서 음악을 크게 틀어놓고 여전히 놀고 있다. 나이트클럽 같은 곳이 이 동네에 없어서 마을 공용 시설에서 노는 모양이다. 새벽에 길을 나서면 가끔 술에 취한 청소년을 보게 된다. 역시나 어려서부터 잘 노는 사람들이다.

하늘에 별이 참 많다. 까만 하늘에 별이 촘촘히 박혔다. 이런 시골 마을에는 별을 가리는 불빛이 없어 별이 제 빛을 마음껏 뿜낸다. 이집트 바하리야 사막만큼은 아니더라도 이곳 별하늘도 참 좋다.

4km를 걸어 조그마한 첫 번째 마을을 지나는데 안내 표지판이 가리키는 방향이 이상하다. 화살표 방향은 정면인데 길은 좌우로 나 있다. 여러 사람이 우왕좌왕, 지도 검색을 한다고 잠시 어수선하다. 왼쪽으로 가는 것으로 정하고 조

금 지나자, 다행히 산티아고 표지판이 보인다. 나중에 만난 정군은 그곳에서 아일랜드 여성 두 명이랑 오른쪽을 선택해서 1km를 가다 되돌아왔다고 한다.

2km를 더 가면 **모라티노스(Moratinos)**라는 작은 마을 입구에 알베르게를 겸한 카페가 있다. 프렌치 오믈렛 토스트 하나를 주문했는데 이게 별미다. 약간 바삭하게 구운 바게트 빵 위에 오믈렛처럼 달걀을 얇게 구워 덮고 후추와 소금을 조금 뿌린 게 다다. 그냥 나왔으면 후회할 뻔한 맛이다. 작은 메뉴판 대부분이 토스트인데, 주인아주머니의 특기인 모양이다. 잡초와 자갈이 많은 시골길에 아무렇게나 놓인 길가의 플라스틱 탁자와 낡은 의자, 따뜻한 커피와 오믈렛 토스트. 다양한 모습의 순례자가 모여 앉아 아침을 먹으며 지나온 언덕 저 위로 솟아오르는 태양을 맞이한다. 그 모든 것을 환하게 감싸주는 아침 햇살, 더 바랄 것 없는 충만한 아침이다.

9km 지점에 있는 작은 마을 **니콜라스(Nicolas)**를 지나 순례길의 중간이라는 **사아군(Sahagún)**으로 열심히 걷는다. 오늘은 발 컨디션도 좋아서 속도가 빠르다. 그리고 사아군 순례 안내소에서 하프 증명서를 발급해 준다고 해서 마음이

급하다. 얼른 가서 증명서를 받고 싶어 힘든 줄도 모르고 걸음이 빨라진다.

사아군은 세아(Cea)강과 발데라두에이(Valderaduey)강 사이에 있으며 인구는 3000명이 채 안 된다. 이곳은 오래전부터 카미노 데 산티아고의 필수 지점 중 하나였다. 한때 로마인이 점령했지만, 중세 초기에 파쿤도(Saints Facundo)와 프리미티보(Primitivo)라는 두 성인이 순교하고 그들에게 헌정된 수도원이 세워지면서 도시가 발전하기 시작했다고 한다.

하프 증명서

15km를 걸어 드디어 사아군에 도착, 순례자 사무실에 들어선다. 40944번, Bae JungChul, 11/8. 올해(2022년) 이곳에서 하프 증명서를 받아 간 사람이 4만 명이 넘는다는 얘기다. 아직 코로나가 종식되지 않았지만, 한 달에 5000명이 넘는 순례자가 이 길을 지나갔다. 나도 이제 증명서를 가진 어엿한 순례자가 되었다.

하프 증명서에는 이렇게 쓰여 있다.

얼마나 많은 사람들이 이 순례자의 편지를 보는지 들어보세요.

프랑스 카미노 데 산티아고의 지리적 중심인 사하군(Sahagún)의 레온주(Leonese)를 통과했으며 Codex Calixtinus에서 말했듯이 '…온갖 물건을 탕진하다. 초원이 위치한 곳, 전해지는 바에 따르면, 반짝이는 뿔이 초록색으로 자라나 전사들 중 이기는 자가 여호와의 영광을 위하여 땅에 무릎을 꿇었도다.'라고, 증언하였듯이 육신의 피로와 심령의 안식을 얻었느니라.

이 고귀한 마을의 주민들은 여러분이 계속해서 여러분의 길을 가도록 격려합니다. 여러분을 환영했던 사람들에 대한 기억을 가지길 바랍니다.

기록이 존재함을 증명합니다.

사아군, 8월 11일, 2022년

증명서를 받고 사무실에서 나와 슈퍼마켓 앞에서 정군을 만나 음료수 하나씩 마시고, 어제 알베르게가 어땠는지 수다를 떨다 헤어진다. 알게 된 지 며칠 되지 않았는데 참 정이 가는 친구다. 21km를 걸어 **칼자다 델 코토**(Calzada del

Coto)의 작은 예배당 앞 벤치에 털썩 주저앉아, 스페인에서
만 볼 수 있는 맛난 납작 복숭아를 씻어 먹고, 양말을 벗어
발의 열도 식힌다. 이때까지는 별문제가 없었는데, 일은 그
다음에 벌어진다.

먼 길을 돌아

한참을 쉬고 산티아고 표시를 따라 걷는데, 마을을 벗어
나는 지점에서 표지판이 두 개다. 목적지 마을 이름이 오른
쪽 표지판에 적혀 있어서 그쪽을 향해 걷는데, 길이 좋지 않
다. 어쩐지 마음도 찜찜하다. 넓은 길에 가로수가 전혀 없는
들판이라 따가운 햇볕을 그대로 받을 수밖에 없다. 특히 지
금은 햇볕이 내리쬐는 시각이다. 앞서가는 사람도 보이지 않
고, 뒤에 오는 사람도 보이지 않는다.

'왜 이렇게 사람이 없지? 그 표지판이 없었다면 누가 이 길
로 간단 말인가?'

아무래도 이상하다. 스마트폰 지도를 켜보니 목적지와 거
리가 더 멀어진다. 되돌아가라는 안내다. 너무 많이 온 상태

라 그럴 수는 없어, 철길 옆에 농기계가 지나간 길로 내려간다. 길도 없는 숲속을 한참이나 걷는다. 철길을 건너자 옥수수밭이다. 옥수수는 사람 키보다 더 커 그 끝이 어디쯤인지 가늠이 되지 않는다. 옥수수밭은 가로질러 갈 수 없고, 어쨌든 밭을 둘러 돌아가야 숙소로 갈 수 있다. '이 밭이 10km나 이어지면 어떡하나' 하는 걱정하며 앞으로 나아간다. 다행히 생각했던 대로 길은 마을로 이어져 예약한 알베르게에 무사히 도착한다. 생각했던 거리보다는 훨씬 멀리 돌아왔지만 결국 이곳에 왔다. 그래도 괜찮다. 정해진 길을 순탄하게 걸을 때도 있고, 예상치 못하게 돌아서 가야할 때도 있다. 울퉁불퉁한 길, 오르막길, 편한 내리막길, 평평한 아스팔트 길, 길은 제각각이다. 멀리 돌아왔지만 그 길의 끝은 결국 같은 곳을 향한다. 우리의 인생처럼.

제22화

알베르게에서 잠 못 드는 밤

걷기 19일 차
Bercianos ~ 만시야 데 라스 물라스(Mansila de las Mulas)
27.49km / 8시간 08분
숙소 : Bercianos 1900(€15, 다인실, 2층 침대)

세상 느긋한 사람들이 사는 곳

아침 기온은 17도로 높지 않은데, 밤새 열대야가 심해서 땀에 흠뻑 젖었다. 한밤중에도 기온이 24~25도 정도로 더워도 선풍기나 에어컨이 없으니, 도리가 없다. 이곳 사람들은 어떻게 이 여름을 견딜까?

오늘은 27km 구간이라 좀 일찍 서둘렀다. 숙소 밖은 보름달이 휘영청 밝다. 오늘이 음력으로 칠 월 십오 일, 보름이다. 어제저녁에 본 달이 아직도 그대로 떠 있는 걸 보니, 새벽길을 동행하려고 밤새워 기다렸나 보다. 걸음을 시작하자, 달도 저편 하늘에 낮게 떠서 같이 걷는다. 달과 별과 바람이 함께하는 순례길이다.

어제와 그제 이용한 알베르게는 인터넷 이용이 어려웠다. 한 곳은 연결은 되는데 속도가 너무 느렸고, 다른 곳은 고장이 났다고 연결 자체가 안 되었다. 알베르게는 대개 와이파이 서비스를 하는데 속도는 굼벵이다. 가끔 잘되는 곳이 있기는 하지만 대체로 '아주 만족하지 못함' 수준이다. 빠른 인터넷 속도에 익숙한 한국 사람에게는 환장할 노릇이지만 이곳 사람들은 스마트폰에 눈과 코를 박고 있는 대신 와인을 마시며 대화를 한다. 나와 멀리 떨어져 사는 사람들에 관한 별 의미도 없는 이야기가 아니라 내 이웃, 내 가족, 내 동네 사람들에 대한 작은 관심을 나눈다. 대화가 시들해지면 하루를 뜨겁게 달구던 지는 해를 바라보며 와인을 홀짝인다. 세상 느긋한 사람이 스페인 사람이다. 행복지수가 높을 수밖에 없다.

순례자 여권(Credential)과 알베르게(Albergue)

순례자용 알베르게를 이용하려면 일반 여권과 순례자용 여권을 함께 제시해야 한다. 일반 게스트하우스나 호텔을 이용할 때는 순례자용 여권이 필요 없지만, 알베르게에서는 꼭 확인하고 스탬프를 찍어준다. 순례자용 여권(Credential)은 출발지인 프랑스 생장의 순례자 사무실에서 구입한다. 여권에는 이름과 국적을 기재하고, 출발 일자를 적고 스탬프를 찍어 증명한다. 걷는 것인지 자전거를 이용하는지 표시한다. 순례길에 있는 성당, 숙소, 카페 등에서 방문 확인 스탬프(Sello)를 찍어 준다. 날짜까지 적어 주는데, 그게 있어

야만 사하군에서 하프 증명서를, 산티아고 데 콤포스텔라에서는 완주증을 받을 수 있다.

알베르게는 공립과 사설이 있다. 공립은 €10가 안 되는 가격이 대부분이고, 어떤 곳은 사용료를 별도로 받지 않고 순례자가 알아서 기부하는 시스템으로 운영하는 곳도 있다. 사설은 공립보다 시설이 좀 나은데 가격은 €12~20 선이다. 도미토리, 1인실, 2인실(실내 화장실 유무)에 따라 가격이 다르다.

다인실인 도미토리도 알베르게마다 시설이 천차만별이다. 한 방에 적게는 4명, 많게는 수십 명이 함께 지낸다. 침대의 상태도 제각각인데, 상태가 좋지 않은 곳은 침대가 삐걱삐걱 소리가 많이 나고, 걸을 때마다 바닥이 울렁거리는 곳도 있다. 침대와 침대 사이 간격이 좁은 곳은 낯선 이들과 눈이 마주치는 어색함을 감수해야 한다. 그래서 커다란 수건 등으로 가림막을 하기도 하는데, 시간이 지나면 차츰 익숙해진다.

순례객은 하루에 20km 이상을 매일 걸어 몸이 피곤한 상태라 대부분 잘 때 코를 많이 곤다. 낮에 좀 자고 밤에 빨리 잠들지 못하면 새벽까지 자는 둥 마는 둥 잠을 설친다. 그런 불편을 겪지 않으려면 1~2인실을 이용해야 하는데, 가격이 몇 배나 되기 때문에 부담이 된다. 그래서 여러 날에 한 번씩, 좀 편히 자고 싶을 때 이용하면 좋다.

알베르게에 오후 1~2시쯤 도착하면 다음 날 새벽까지 시간이 많다. 침대를 배정받고, 짐을 내리고, 침대 커버를 씌운다. 베드버그 걱정을 많이 했는데, 침대 시트를 고무 재질로 바꾸고, 일회용 시트를 주는 곳이 많아 문제가 되는 곳은 거의 없다. 침대를 정리한 다음, 빨래와 샤워를 하고 꿀같은 낮잠을 좀 자 둔다. 3~4시에 일어나 근처 마트에서 음료수나 과일을 산다. 알베르게에 있는 휴게실이나 정원에서

맥주도 한잔하고, 다음 날 일정을 검색하고 챙겨 본다. 오늘 걸어온 길에 대한 글을 쓰며 하루를 정리한다. 그러고도 기운이 좀 남아 있으면 저녁 산책을 나가 광장 카페에서 망중한을 즐기거나 골목길을 걸으며 유럽의 정취를 만끽하면 멋진 하루가 된다.

신라면과 햇반

오늘 코스에는 7km 지점까지 마을이 없다. 아침을 먹으려면 두 시간 정도는 가야 한다. 오늘은 특히 걸음이 바쁘다. **엘 부르고 라네로**(El Burgo Ranero) 마을 어느 카페에서 라면을 끓여 준다는 정보가 있어서다. 가끔 치킨이나 소고기 요리를 먹지만 거의 매일 빵과 커피가 주식이라 한국 라면이 그리울 수밖에 없다.

한국 라면을 끓여 준다는 바로 그 **카페 '라 코스타 델 아도베**(La Costa del Adobe)'가 저만치 보인다. 먼저 온 사람들이 길가 탁자에 옹기종기 앉아 있다. 가까이 가보니 귀하고 귀한 라면 먹는 사람은 없다. '이곳이 아닌가?' 하며 들어가

벽에 붙은 메뉴판을 살펴보니 라면이 있다. 한글로 '신라면 5.50€, 햇반 4.00€(젓가락도 있어요 ㅋㅋㅋ)'라고 적혀 있다. 라면뿐만 아니라 햇반도 있다니, 무조건 먹어 줘야지!

한참 동안 기다리게 하더니, 얇고 기다란 접시에 라면을, 좀 작은 접시에 햇반을 담아 내준다. 달걀도 넣었는데 풀어서 넣은 게 아니라 삶은 달걀을 잘게 잘라 넣었다. 아무렴 어떤가, 하얀 쌀밥 본 지가 20일이 넘었다. 김치 없어도 맛있다. 정군에게도 라면과 햇반을 사 주고 든든한 배를 만지며 먼저 일어났다. 든든한 보약 한 재 먹은 느낌이다.

오늘은 변화가 거의 없는 길이다. 7km를 라면 먹을 생각으로 걸었는데, 다음 마을 **렐리에고스(Reliegos)**까지 14km는 도로를 따라 똑바로 하염없이 걷는 무념무상 수행의 길이다. 이 길가 밭에는 온통 옥수수다. 이곳 밭에서 생산하는 옥수수가 모르긴 몰라도 우리나라 옥수수 총생산량보다 많지 않을까 싶을 정도로 많다. 렐리에고스 카페에서 빵 하나를 먹고 다시 6km를 더 걸어 오후 두 시가 넘어서 **만시아(Mansia)**에 도착. 샤워하고 한참이나 잤다.

내일이 이번 1차 순례(생장~레온)의 마지막 날이다. 레온에서 하루 쉬고, 저녁에는 방 작가와 정군이랑 저녁을 같이 하기로 했다. 마드리드로 가는 기차 예약도 했으니, 마음이 느긋하다. 오늘 밤에는 푹 잘 수 있을 것 같다.

여기는 1차 순례 마지막 코스를 남겨 둔 만시아다.

제23화

20일, 470km를 걸어 레온에

걷기 20일 차
Mansila de las Mulas ~ 레온(Leon)
20.30km / 5시간 47분
숙소 : El Jardin Hostel(€12, 다인실, 2층 침대)

레온(leon)으로 가는 길

　숙소를 나오자, 어제 새벽길을 함께했던 그 달이 오늘은 하늘 중턱에 떠서 기다린다. 든든한 길잡이가 있는 것 같아 마음이 푸근하다. 이번 순례의 마지막 코스, 레온(Leon)까지는 거리가 20km가 채 안 되는 짧은 거리고, 내일은 걷지 않아도 된다는 생각에 새벽 단잠을 즐겼다.

　어제 미리 봐 둔 길을 따라 천천히 마을을 빠져나간다. 마을 끝에 있는 에슬라(Esla)강은 강폭은 좁지만, 다리가 상당히 길다. 강에는 물이 없는 둔덕이 양편으로 넓고, 중간에 폭 좁은 강물이 빠르게 흐른다. 물의 양도 꽤 많은 편인데, 도대체 이 평원까지 저 많은 물이 어디서 오는 걸까? 어디 펌프장에서 물을 빠르게 흘려보내는 것 같지는 않다. 엄청나게 넓은 평원의 밀밭과 옥수수밭, 해바라기밭에 물을 대기 위해서는 지하수든 호수든 강물이든 큰 수원이 필요할 텐데, 호수는 보지 못했으니, 강물이 분명하다. 수원(水原)이 어디에 있을까, 무엇일까 궁금해진다.

　5km 지점 **비아모로스(Villamoros)**까지는 찻길 옆을 따라 걷는 직선 도로다. 다음 마을인 **푸엔테 비아란테(Puente**

Villarente)로 가는 길이 갈리는 표지판이 있다. 왼쪽으로 가면 비포장도로로 해서 2km를, 오른쪽으로 가면 차도를 따라 1.7km를 가게 된다. 오른쪽 길을 선택, 조금 지나니 카페가 있는데 이른 아침이라 아직 한산하다. 아무도 없는 카페 앞마당에서 비질하는 젊은 주인장이 반갑게 맞아 준다. 오늘은 발걸음이 순례 첫날처럼 가볍다. 지나온 날을 생각하니 금방이다.

'벌써 스무날이 지났구나. 정말 이 길을 걸었구나.' 아무런 사고 없이, 큰 부상 없이, 즐겁게 순례를 할 수 있었다는 게 참 감사하다. 매일 새벽 다시 일어날 수 있었고, 계획한 길을 걸을 수 있어서 행복했다.

드디어 레온

4시간 반, 17km를 걸어 드디어 레온이다. 이전에 보았던 마을과 도시보다 확실히 커 보인다. 초입의 도로도 넓고, 고가 다리 아래로 차들이 쌩쌩 달린다. 감개무량하다. 배도 슬슬 고파진다. 오늘 점심은 뭘 먹을까. 이전에 다녀간 한국 사람들 후기를 보면, 다들 레온시에 들어가서 처음 보이는 KFC에서 6조각짜리 닭튀김을 먹는단다. 우리도 KFC로 가 보니 아직 오픈 전이다. 오후 1시에 문을 연단다. 토요일 정오에 문을 열지 않은 프랜차이즈라니, 이 느긋하고 느긋한 사람들 같으니라고. 그러고 보니 큰 도시인데도 거리에 사람이 별로 없다. 상점도 문을 닫은 곳이 많다. 마치 우리의 추석날 아침 풍경 같다.

대성당이 있는 구도심으로 갈수록 사람이 많다. 어느 자그마한 성당은 결혼식 준비로 시끌벅적하다. 거기뿐만 아니라 다른 곳에서도 잘 차려입은 하객이 많은 걸로 봐서는 오늘이 결혼식을 하기 좋은 날, 길일임이 틀림없다. 길일에 레온에 오다니, 이 또한 축복이다.

어느 골목에 벼룩시장이 열렸다. 무슨 용도인지 알 수 없는 물건도 더러 보이고, 농촌에서 쓰던 농기구, 중세 기사가 차고 다녔을 법한 칼, 도자기, 인형, 오래된 가구도 나와 있다. 팔려는 사람은 한가하고, 살려는 사람은 부지런히 살핀다.

골목을 따라 예약된 숙소에 도착. 13:00가 체크인이라 30분을 카운터 앞에 앉아 기다린다. 13:00이 되자 어디선가 주인이 나타났다. "어서 오세요~" 한국말로 인사한다. 별거 아니지만 낯선 곳에서 낯선 사람이 우리말로 맞아주면 마음이 금방 편해진다. 오늘은 4인실 도미토리다. 대성당이 있는 구도심 번화가에 있고, 2층 침대도 튼튼하고 좋다. 타월 서비스도 하고, 샤워 시설도 잘 되어 있다. 도시라 그런지 무엇보다 와이파이가 빵빵 터진다.

레온은 스페인 북부의 대표적인 도시다. 한때는 레온 왕국의 수도였다. 이곳에서부터 산티아고 데 콤포스텔라까지는 330km 정도다. 지나온 도시와 마을과는 그 규모가 확연히 다르다. 가우디가 설계한 **카사 데 보티네스**(la Casa Botines) 근처가 숙소인데, 이곳에서 레온 대성당 사이에는 그동안 보지 못했던 사람들로 북적인다.

점심을 먹으러 맥도널드에 다녀왔다. 많이 먹을 수 있을 것 같아 큰 사이즈 세트에 치킨까지 주문했지만 다 먹지도 못했다. 그래도 에어컨 바람이 너무 시원했다. 역시 글로벌 프랜차이즈다. 에어컨 바람 쐬어 본 지가 언제였던가 싶다.

그나저나 방 작가, 정군이랑 저녁은 어디서 뭘 먹지?

제24화

혼자 걸으며 함께 걷는 길

이동 : Léon ~마드리드(Madrid) / 렌페(renfe)

소란한 레온의 밤이 지나고

일요일 아침이다. 오늘은 마드리드로 돌아가는 날이다. 거기서 하루 쉬고 내일 오후 비행기로 귀국한다. 숙소가 레온 대성당 근처 번화가라 밤새 시끄러웠다. 창문을 닫아 놓으면 더워 잠을 잘 수가 없어 창문도, 방문도 열어놓고 잤다. 그래야 새벽에 찬바람이 들어와 새벽잠이라도 푹 잘 수 있다.

어제 결혼식 뒤풀이가 많았는지 주말이라 그런 건지, 아니면 원래 이곳 사람들이 그런 건지 밤새 시끄럽게 논다. 아침에 나와 보니 술에 취한 사람이 더러 보인다. 새벽 시간에도 여전히 여흥이 가시지 않았는지 손에 맥주병을 들고 어깨동무를 하고 노래를 부른다. 하긴 낮에는 더워 움직이기 힘드니 시원한 밤부터 새벽까지 놀기는 좋겠다. 나도 한때는 그랬다.

짐을 챙겨 **레온 대성당**으로 간다. 어제는 사람이 너무 많아 사진 찍기도 힘들어 아침에 다시 갔다. 우리와 같은 생각을 가진 이들과 서로 사진을 찍어준다. 성당 앞에 'LEON'이라는 큰 알파벳 조형물이 있어 대성당을 배경으로 사진 찍기에 좋다. 밝아오는 하늘과 사그라다 파밀리아를 닮은 레온 대성당의 첨탑, 인적 없는 텅 빈 광장이 왠지 성스럽게 느껴진다.

마드리드행 기차(renfe AVE)는 8:40 출발인데 좀 일찍 가서 기다렸다. 티켓 출력도 하고 커피도 마시고, 그리고 무엇보다 미리 가서 기다려야 안심이다. 외국 여행을 할 때는 시간 여유를 두고 다니는 게 좋다. 문제가 생겼을 때 바로 대처할 여유가 있어야 곤란한 일을 겪지 않는다.

스페인은 철도 교통망이 잘 되어 있다. 티켓 예매는 venta.renfe.com에 접속해 원하는 구간, 날짜, 좌석 등급 등을 선택하고 구매하면 된다. 좌석 등급에 따라 가격 차이가 나고, 같은 날이라도 출발 시간이 다르면 요금도 다르다. 티켓은 회원 가입을 하지 않고 신용카드만 있으면 구입할 수 있다.

정겨운 사람들

어제저녁에는 방 작가와 중국 갑부 정군이랑 일식집에서 저녁을 같이 했다. 스페인식 순대 요리를 먹으러 갔는데, 사람이 너무 많고 자리도 없고 시끄러워 옮겼다. 요식업을 해본 정군이 추천하는 곳이라 기대가 컸는데 아쉬웠다.

스페인 북부 어느 도시의 길가 레스토랑에서 우리나라 일식집에서 본 것과 같은 초밥과 볶음 우동, 군만두를 앞에 놓고 앉았다. 포도주도 한 병 곁들였다. 20대와 30대 그리고 50대가 모여 앉아 친구가 되었다. 같은 길을 걸었다는 사실이 서로를 연결 해주고, 힘든 경험이 이야깃거리를 만들어 유대감을 가지게 하는 모양이다. '저 나이에 나는 이곳에 올 생각을 못 했을까?' 하는 후회와 부러움이 살짝 스친다. 바람이 많이 분다. 다양한 나라의 언어가 독한 서양 담배 냄새와 섞여 바람을 타고 골목을 휘저어 다닌다. 싫지 않다. 그런 곳에, 이런 분위기에 내가 있다는 사실이 오히려 마음을 들뜨게 한다. 낯선 곳의 싫지 않은 설렘이다. 가슴 두근거리는 설렘은 살아 있음을 느끼게 하는 강력한 신호다.

방 작가는 레온에서 이틀 쉬고 다시 순례를 이어가고, 정군은 시간이 많지 않아 100km 정도는 버스로 점프를 해서 나머지 순례를 마칠 거란다. 일정은 제각각이지만 모두 건강하게 마무리할 수 있기를 기원하며, 건배!

지나가던 스페인 노부부, 바르셀로나에서 왔다고 하는 그분들과 기념사진을 찍었다. 몇 번 같은 숙소를 이용했고, 어제는 옆 침대에서 코 고는 소리도 튼 사이다. 남자분 여동생

도 같이 순례했는데, 몸이 좋지 않아 중간에 미리 돌아갔다고 한다. 며칠 전에는 좀 다퉜는지 따로 다니더니 사이가 좋아졌다고 걱정하지 말라며 연신 키스를 해댄다. 참 보기 좋게 늙어가는 부부다. 이름도 연락처도 모르지만 사그라다 파밀리아 대성당 근처에 산다고 해서 가게 되면 열심히 찾을 거라고 했더니 크게 웃는다. 가우디 사후 100주년이 되는 2026년에 보수 공사가 완료될 예정이라, 그해에 바르셀로나에 한 번 더 가볼 계획이다. 바르셀로나 길을 걷다 마주치게 되는 어마어마한 우연이 생길까? 사람 일이란 모르는 일이니까.

함께 걷는 길

몸이 아주 뚱뚱해 걷는 게 힘들어 보이는데도 천천히 걸어 숙소 근처에서 항상 보이던 밝은 얼굴의 독일에서 온 '거북이', 뮌헨에서 스위스와 프랑스를 거쳐 2000km를 걸어 순례길에 온 하르츠와 마리아 부부, 늘 딱 붙어 다니며 비비고 쪽쪽거리던 젊은 연인 '쪽쪽이', 짧은 머리카락에 체격 좋은 프랑스인 '군바리', '수다쟁이', '미스터 타이완 커플', '마르타', '기럭지' 모두 다 무사히 완주하기를. 이탈리아에서 온 말라 깽이 '프란체스코'는 어디까지 갔을까? (정군이 후에 보내 준 사진에 의하면, '거북이'는 여전히 잘 걷고 있고, 대만 커플은 헤어져 정군이랑 3일째 같이 걷고 있다고 한다.)

순례는 나 혼자 걷는 길이지만 어쩌면 함께 걷는 길이다. 이름도 성도 국적도 모르고, 왜 이 길 위에 서 있는지도 모르지만, 함께 한다는 것, 무사히 하루하루를 걸을 수 있기를 서로 바란다는 마음은 모두 같다. 서로에 대한 염려와 응원이 길 위에 서 있는 모든 사람에게 서로 전해지고 있는 게 틀림없다.

마드리드로 달려가는 기차 창밖으로 보이는 풍경이 낯익다. 내가 걸어온 길도 저 어디쯤에 있을까? 내년에 이곳을 다시 찾아, 2차 순례를 할 생각을 하니 벌써 설렌다. 그때 그 길 위에서 누구를 만나게 될까? 누구와 같이 길을 걷게 될까?

제3부

단 하나의 소원을 빌다

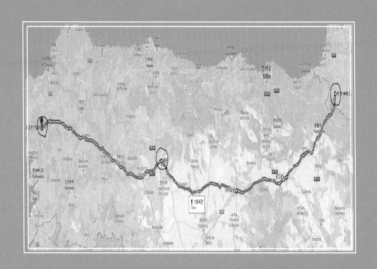

제25화

———

배낭을 고쳐 메고

2차 순례를 준비하며

배낭을 고쳐 멘다.

스페인 산티아고 순례길을 다시 떠나기 위해서다. 이번이 두 번째다. 산티아고 순례길 중 프랑스 길인 프랑스 생장에서 산티아고 데 콤포스텔라까지의 800km 길을 두 번에 나누어 걷는다. 한 번에 완주하기도 하지만 그러려면 걷는 날만 33일, 한국에서 스페인까지의 여정에 드는 시간 등 최소 36~37일 정도는 소요된다. 직장 다니는 사람은 시간 만들기가 쉽지 않다. 물론 빠르게 걷는 사람은 하루에 40km 이상을 걸어 20여 일 만에 완주하는 사람도 간혹 있다고 한다. 1차 순례 중에 만난 부산에서 온 어느 여선생님은 실제로 그렇게 걸었다.

지난해(2022년) 7월 말에 1차 순례를 떠나 20일 동안, 프랑스 생장에서 레온까지 470km를 걸었다. 이번 2차 순례는 레온에서 최종 목적지인 산티아고 콤포스텔라까지 330km를 순례할 계획이다. 지난해에 비해 하루에 걷는 길은 조금 더 길지만 전체 거리도 짧고, 걷는 날도 적다. 처음 갈 때는 이것저것 걱정거리가 많았는데 한 번 다녀와서인지 마음이 훨씬 편안하다.

다만 날씨가 걱정이다. 1차 순례는 한여름인 7월 말에서 8월 중순까지라 더위만 걱정이었다. 이번에는 가을이라 추위가 어느 정도일지 가늠이 안 된다. 그렇다고 무작정 두꺼운 옷을 가져갈 수도 없다. 배낭의 무게와 부피를 생각해야 하기 때문이다. 스페인 북서쪽 갈리시아 지방으로 넘어가면 북대서양의 영향으로 비가 자주 온다고 한다. 1차 순례 때는 단 하루만 비를 만나 판초 우의가 크게 쓸모가 없었는데, 이번에는 어느 정도일지 몰라 채비가 애매하다. 지난번 순례 때 만났던 정군(중국 부자)이 얇은 패딩점퍼는 꼭 가져가야 한다고 해서 따로 챙기고, 등산화에 물이 들어가는 걸 막는 발목용 스패츠도 따로 준비했다.

1차 순례 때는 초기 사나흘을 감기 때문에 고생하고, 그 후로는 발에 물집이 생겨 힘들었다. 이번에는 등산화도 발목까지 잡아주는 중등산화(잠발란 울트라 라이트 GTX)로 바꾸고, 물집 방지용 바셀린(바디 글라이드 안티 블리스터 발전용 풋크림)도 따로 챙겼다. 일부러 그런 건 아니지만 몸살감기도 떠나기 전에 다 치러 걱정이 없다.

걸을 수 있다는 것에 감사하며

스페인 산티아고 순례자의 길 위에 다시 서는 데 1년이 넘게 걸렸다. 방학 때인 올해 7월에 다시 갈 예정이었으나, 여러 가지 사정이 생겼다. 순례길 동반자인 아내가 큰 수술을 하고 치료하는 데 시간이 오래 걸렸다. 2차 순례는커녕 다시는 같이 걸을 수 없을지도 모른다는 염려가 없지는 않았는데, 고통스러운 치료 과정을 이겨내고 같이 걸을 수 있어 고맙고 감사하다.

그래도 혹시 몰라, 먼 길을 떠나기 전에 체력이 어느 정도 되는지, 작년처럼 걸을 수 있을지 사전 점검을 했다. 강원도 영월의 청령포에서 삼척 소망의 탑까지 이어지는 **〈운탄고도 1330〉**을 지난달에 다녀왔다. 비 때문에 일부 구간을 제외하고 1길에서 9길까지 173km를 9일간에 걸쳐 완주했다 (브런치에 #운탄고도_1330을_걷다 제1화~제10화까지 연재). 하루에 걷는 거리는 산티아고 순례길보다 짧지만 등산 코스가 많아 순례길에 비해 결코 쉽지 않은 코스인데 무사히 마쳤다. 다시 길을 떠나도 되겠다는 자신감을 얻었다.

언제나 그렇듯 길은 늘 그곳에 있다. 한 발 두 발 천천히 내디디면 그 길의 끝에 닿는다. 그곳이 길의 끝이 아니라 새로운 길의 또 다른 시작이다. 호모 사피엔스가 수 만 년 전 아프리카 사바나 지역을 벗어나 더 넓은 세상으로 걸어 나온 이후로 인류는 걷는 것이 숙명일 수밖에 없는 존재다. 하지만 걷는다는 것에 그런 거창한 이유는 필요하지 않다. 매일 걸을 수 있다는 것에 감사하고, 매일 걷는 그 순간을 즐길 것이다. 그저 어깨를 짓누르는 배낭의 무게와 땅으로부터 전해져 오는 발의 통증을 온전히 받아들이며 오늘도 살아 있음을 느낄 것이다.

그렇게 걸어서 나는 단지, 언젠가 그 길의 끝에 닿기를 소망한다.

제26화

다시 레온(Léon)

걷기 1일 차(21일 차)
Léon ~ 산 마르틴 델 카미노(San Martin del Camino)
26.39km / 7시간 35분
숙소 : Albergue Vieira(€10, 6인실)

걷기보다 힘든 비행

이제 출발이다. 인천공항에서 KLM(Royal Dutch Airline)을 이용해 암스테르담을 거쳐 마드리드로 간다. 암스테르담까지는 13시간, 2시간 환승을 거쳐 다시 2시간 반을 비행해 마드리드에 도착한다. 오랜만에 장거리 여행이라 그런 건지 나이 탓인지 앉아 있는 게 무척이나 힘들다. 엉덩이가 다 허는 느낌이다. 다음 여행 때는 비즈니스석은 어렵겠지만, 추가 비용을 내고서라도 좀 넓고 편안한 좌석을 이용해야겠다고 스스로 위안하며 버틴다.

암스테르담(Amsterdam)의 스히폴(Schipole) 공항 검색이 까다롭다. 아내는 주사 약물 치료를 위해 가슴 윗부분에 심어 놓은 캐모포터 때문에 따로 몸수색을 당하고, 나는 약봉지와 세면도구 때문인지 배낭 검색을 한참 받았다. 외국 여행하며 이런 경우는 처음이라 기분은 별로지만 그러려니 한다. 모두의 안전을 위해 꼼꼼히 검색하는 걸 보니 오히려 안심이다.

암스테르담에서 마드리드로 오는 비행기 안에서 뒷좌석에 앉은 사람들 때문에 무척이나 힘들었다. 남자 세 명이 비행기 출발 전부터 마드리드에 착륙할 때까지 두 시간을 넘게 단 5분도 쉬지 않고 떠들었다. 나중에는 이들의 노래를 시작으로 비행기 내에서 떼창까지. 축구 응원을 가는 것인지, 응원 마치고 돌아가는 길인지 아침 7시인데도 술이 제법 취해 웃고 떠들고 노래하고. 비행기 안에서 이러는 사람은 생전 처음 본다. 그런데도 승무원 누구 하나 제지하는 사람은 없고, 오히려 재밌다는 듯이 웃는다. 이럴 때 항의하면 항의하는 사람만 우스워진다. 비행기에서 내려 공항을 빠져나왔는데도 한동안 귀가 먹먹할 정도다.

레온은 축제 중

마드리드 바라하스 공항에서 고속기차 렌페(renfe, €50)를 타고 2시간 만에 레온에 도착. 숙소에 여장을 풀고 산책을 나왔다. 다시 찾은 레온은 축제 중이다. 보티네스 저택 뒤쪽으로 골목마다 노점상이 길게 늘어섰다. 사탕, 빵, 피자, 치즈 등 음식뿐만 아니라 대장간, 유리세공, 각종 장신구 가게에 사람이 북적거려 떠밀려갈 정도다. 한국의 지역 예술제처

럼 먹거리 장터도 여러 군데 있어 뿔뽀 안주에 상그리아 한
잔으로 축제 속으로 살짝 빠져 본다.

05시에 기상, 06시에 출발. 아침 기온은 11도. 제법 쌀쌀
하다. 바람막이 위에 패딩점퍼도 껴입고 나선다. 작년에 1차
순례를 마치고 레온을 떠나기 전에 들렀던 레온 대성당부터

산티아고, 내 생애 가장 아름다운 33일

일정을 시작한다. 어제 축제의 여운이 아직 가시지 않았는지 젊은 청춘들은 아직도 길거리 이곳저곳을 서성인다. 축제가 젊은이들의 전유물은 아니지만 역시 축제는 젊음과 잘 어울린다.

순례길에서 도시를 빠져나올 때는 길을 헤매기 쉬워 주의해야 한다. 이른 아침에는 길이 어두워 안내 표지판과 노란 화살표를 찾기가 쉽지 않다. 스마트폰 지도를 보면서 천천히 확인하며 걸어야 한다. 2주 휴가를 내고 수원에서 왔다는 젊은 친구와 이런저런 얘기를 나누며 도심을 빠져나간다. 10분 정도 걸었을까, 커다란 중세 건물을 만나는데 이곳이 예전에는 수녀원이었고 현재는 초호화 **파라도르 국영 호텔**(Parador de León)로 운영되는 곳이다. 낮에 보았으면 더 좋았을 텐데. 건물을 마주한 광장에 인상적인 순례자 기념비(Monumento al Peregrino)가 있다. 십자가상 단에 걸터앉아 신발을 벗어 놓고 고개를 들어 하늘을 올려다보는 자세다. 자세히 보니 눈은 감겨 있다. 무슨 생각을 저렇게 골똘히 하는 걸까?

작은 다리를 건너 조금 지나면 **트라바조 델 카미노**(Trabajo del Camino)라는 작은 도시다. 레온시와는 특별한 경계도 없이 마주 붙어 있다. 거리는 깨끗하고 조용하다. 인적 없는 도로에 노란 가로등만이 거리를 비춘다.

바실리카의 십이 사도와 성모상

두 시간을 걸어, **라 비르헨 델 카미노**(La Virgen del Camino) 초입, 고소한 빵 굽는 냄새가 허기를 깨운다. 냄새를 따라가 보니 빵을 대량으로 굽는 곳이다. 오늘 빵을 배달할 곳이 많은지 인부들이 분주하다. 그러고 보니 아직 컴컴한 도로변에는 밴과 트럭이 몰려와 물건을 내리고 자판을 만들며 장사 채비에 분주하다. 이곳도 축제가 열리는 모양이다. 가을 추수가 끝나 여유가 생겼으니 즐길 시절이 왔다. 일찍 문을 연 길가 카페에서 커피와 보카디아 하몽으로 소박한 아침 식사를 한다. 짧은 시간이지만 하루 중에 참 행복한 시간이다.

이곳은 길 위의 성모 바실리카를 중심으로 형성된 마을이다. '라 비르헨 델 카미노'는 '길 위의 성모'라는 뜻이다. 이곳에서 꼭 봐야 할 곳이 있다. 천주교 성당인 **Basilica de la**

Virgen이다. 성당 내부에 옛 성당에서 가져온 십자가에서 내려진 아들을 안고 있는 성모상이 있는 제단화가 있다고 하는데 이른 시각(09:30 오픈)이라 내부는 볼 수 없지만 성당 전면부의 조각 작품을 본 것만 해도 그 감흥이 쉽게 가시지 않는다. 직사각형의 전면부 아래 중앙에 입구가 있고 그 윗부분 전체에 십이 사도와 성모상의 조각이 있다. 아르누보 양식의 독특한 모양의 작품에 한동안 눈을 뗄 수가 없다.

라 비르헨 델 카미노를 빠져나와 9.7km부터는 비포장도로다. 11시가 되니 기온이 15도 정도로 조금 높아졌다. **산 미겔 델 카미노 (san Miguel del Camino), 비야당고스 델 파라모 (Villadangos del Paramo)** 등 작은 마을을 지나, 아스토르가로 가는 N120 도로와 나란히 놓여 있는 도로를 따라 오늘의 최종 목적지인 **산마르틴 델 카미노(San Martin del Camino)**에 들어선다. 2차 순례의 첫날, 들뜬 마음을 차분히 가라앉히고 순조로운 순례를 기원하며 첫 밤을 맞이한다.

제27화

―――――――

가을에 걷는 산티아고

걷기 2일 차(22일 차)
San Martin del Camino ~ 아스토르가(Astorga)
27.76km / 8시간 27분
숙소 : Albergue San Javier(€12, 8인실)

산티아고, 내 생애 가장 아름다운 33일

여름과 다른, 가을의 순례길

오늘 묵을 알베르게는 어제 예약을 해 둬서 안심이다. 알베르게에서 만난 오지랖 넓은 부산 사나이가 어제 묵은 알베르게 주인에게 부탁해 예약을 대신해 줬다. 남자 두 명이 생장에서부터 순례하는 중이라는데, 말도 많고 정도 많다. 이번이 두 번째 순례여서 그런지 이것저것 많은 것을 알려주려고 한다. 족보를 따져보니 부산 사나이는 초등학교 후배고, 그의 친구는 고향 한 해 후배다. 이 먼 타지 순례길에서 고향 사람들을 만나다니 신기한 일이다. 한동안 자주 만나는 길동무가 될 것 같다.

10월의 산티아고 순례길의 날씨가 참 좋다. 아침에 조금 쌀쌀하지만 한낮에는 20도를 넘어간다. 지난 여름에는 걷는 중간에 물이 떨어지면 길가의 샘에서 물을 채우기도 했는데 이번에는 하루 일정을 다 마쳐도 수통의 물이 남는다. 그늘도 없는 밀밭 길에 쏟아져 내리는 여름 한낮 스페인의 햇살이 몸속의 수분을 무섭게 날려 버리던 그때와는 확연히 다르다. 길가의 풍경은 조금 아쉽다. 수확하지 않은 해바라기와 옥수수는 거의 말라가는 모습이라 그리 아름다운 풍경은 아니다. 다만 한국의 가을처럼 눈이 시리도록 푸른 하늘은 더 깊고 맑다.

아침 기온은 어제와 같은 11도. 05시에 일어나 다른 사람들을 깨우지 않기 위해 짐을 모두 휴게실로 옮긴 후에 짐을 싼다. '지난밤 코 고는 소리 때문에 잠을 못 잔 이들이여, 아침잠은 잠시나마 꿀잠이기를~' 오늘은 아침 여섯 시가 되기 전에 출발. 밖은 여전히 캄캄하다. 마을 중심에 있는 순례자 기념 동상에서 출발 시그니처 사진을 찍고, 플래시로 길을 밝히며 걷는다. 마을을 지나 오른쪽으로 돌아 비포장도로를 따라간다. 아스토르가로 이어지는 N120 도로 옆으로 난 길이 쭉 이어진다. 간간이 지나가는 자동차를 제외하고는 광원이 없어 하늘의 별이 가깝다. 오랜만에 북두칠성도 또렷하게 자태를 드러낸다. 이 길이 다음 마을인 **오스피탈 데 오르비고**(Hospital de Orbigo)까지 이어지는데, 안타깝게도 아침 식사를 해결할 마땅한 곳이 없다.

돈 수에로의 푸엔테 데 오르비고

오스피탈 데 오르비고 마을 중간에 난 길을 조금 지나 환상적인 다리가 어둠 속에서 어렴풋이 아름다운 자태를 드러낸다. **푸엔테 데 오르비고**(Puente de Orbigo)다. 이 다리는 스페인에서 가장 길고 오래된 다리 중에 하나다. 옛 다리는 이 지역에서 채굴한 광물을 로마로 운송하기 위해 로마인이 건축한 다리였으나, 현재의 다리는 13세기에 건축된 것이라고 한다.

사람 주먹만 한 크기의 돌을 상판에 깔아 만든 이 다리는 상판과 벽체도 아름답지만, 다리를 받치고 있는 아치가 특이하다. 총 19개의 아치는 서로 다른 크기와 모양을 하고 있다. 다리의 높이도 모두 같지 않아 위아래로 약간 굴곡이 진 모습이다. 아직 어둠이 가시지 않은 이른 아침이라 자세히 볼 수 없어 아쉬웠는데, 다리 건너편에 있는 카페(Horario)에서 아침 식사를 하고 나니 날이 밝아 자세히 볼 수 있었다.

특히 이 다리에는 돈키호테와 비슷한 기사 돈 수에로의 창 시합 이야기가 전해지는데, 그 이야기를 마을의 전통 축제로 재현하여 현재까지 이어지고 있다고 한다. 한 여인을 사랑했으나 불행히도 그 여인의 사랑을 받지 못했던 돈 수에로의 약간은 엉뚱하고 무모한 창 시합이 지금의 축제로 이어졌다니, 이 마을 사람들도 상당히 낭만적이다. 로맨틱한 옛 이야기가 스민 다리 아래 양쪽으로 축제를 여는 넓은 공터가 있다.

7km 오르막 자갈길은 무념무상

푸엔테 데 오르비고에서 **비야레스 데 오르비고**까지는 거의 3km. 여느 마을과 마찬가지로 마을은 고풍스러운 아름다움을 간직하고 있다. 이 마을은 집과 성당 건물의 색채가 특히나 아름다운데 이곳 토양과 태양의 색을 닮았다. 마을을 지나 넓은 들판 한가운데 일직선으로 난 비포장 자갈길을 따라 걷는다. 아침 8시가 지난 시각이라 등 뒤쪽으로 솟은 태양의 황금빛은 산과 들의 색을 더욱 다채롭게 만들어 준다. 마을을 지나서는 약간 오르막 산길이다.

산길을 한참 지나서 **산티바네스 데 발데이글레시아**(Santibanez de Valdeiglesia)라는 조그마한 마을이 있고 그다음부터는 울퉁불퉁 자갈길이다. 순례길에서 만나는 길 중에 이런 길이 걷기에 가장 힘들다. 자갈 때문에 몸이 뒤뚱거리고 발바닥으로 전해오는 통증도 만만찮다. 특히나 오르막이 길면 더 힘들다. 이곳에서 산토 토리비오 십자가가 있는 곳까지의 7km 길이 그렇다. 이런 길을 걸을 때는 저절로 무념무상이 된다.

한참을 올라 언덕의 정상에서 잠시 쉬고 내리막길을 걷다가 다시 오르막이다. 언덕에서 평지로 내려오는 길가에 **도네이션(donation) 카페**가 있다. 빵, 과일 등 간식거리를 차려놓았는데 순례자들이 알아서 챙겨 먹고 적당한 돈을 내고 가는 곳이다. 큰 개를 데리고 사는 젊은 집시 여인이 주인인 듯한데, 여인의 얼굴에 자유로움이 가득하다. 언뜻 저 멀리 도시의 건물이 보인다. 오늘의 도착지가 그리 멀지 않다.

아스토르가와 그전에 있는 작은 마을 산 후스토 데 라 베가(San Justo de la Vega)가 내려다보이는 언덕에 **산토 토리비오 십자가**(Cruceiro Santo Toribio)가 있다. 산토 토리비오 십자가는 5세기 아스토르가의 토리비오 주교가 이곳을 떠날 때, 마지막 미사를 드린 것을 기념하기 위해 세운 것이라고 한다. 특별한 장식 없이 돌로 만든 십자가가 4층의 둥근 돌 받침대 위에 서 있다. 주교의 기념비라고 하기에는 소박하기 그지없다.

이곳에서 한 시간이면 숙소에 도착한다. 어서 가자~

제28화

오 르 고 또 오 르 고

걷기 3일 차(23일 차)
Astorga ~ 폰세바돈(Foncebadon)
26.13km / 7시간 50분
숙소 : Hostal Convento de Foncebadon(€12, 6인실)

아스토르가(Astorga)

아스토르가는 2000년 전에 로마 제10군단의 병사들이 지금의 도시 중심 작은 언덕에 정착촌을 만들면서 세워진 유서 깊은 도시다. 이곳에 로마 유적지를 방문하는 로마 루트도 있다. 도시라고 해도 인구가 1만 명밖에 되지 않는다. 그럼에도 10개의 수도원과 20여 개의 순례자 숙소가 있어 순례자의 도시로 알려져 있다.

부산 사나이가 대신 예약해 준 알베르게는 주교궁 근처라는 점 빼고는 거의 최악이었다. 아주 좋은 곳이라 침대 여유가 없을 것이라며 친절히 대신 예약해 준 것이라 싫은 내색을 하지도 못했다. 같은 방에서 하루를 같이 지냈으니 본인도 좀 미안한 마음이었으리라. 조금만 움직여도 침대가 삐걱거리고 천장의 나무판은 위층에서 사람이 움직이면 신경을 긁는 소리를 계속 냈다. 방음이 전혀 되지 않아 여기저기서 들려오는 코 고는 소리 때문에 잠들기도 힘들었다. 스페인에서 귀하디귀한 한국 라면 한 봉지에 모든 걸 용서하기로 했다(그런데 이곳에서 빈대에게 물려 순례하는 내내 고생하게 된다).

도시 입구부터 멀리 보이는 회색의 화강암 건물이 19세기

말 안토니 가우디가 설계한 **주교궁**(Palacio de Gaudi Astorga)
이다. 먼저 다녀온 사람들이 꼭 봐야 한다는 주교궁 야경을
감상했다. 안 봤으면 후회할 정도는 아니었다. 주교궁의 아
름다움보다는 성당 옆 작은 예배당에서 무슨 말인지 알아
듣지 못하는 신부님의 설교를 잠시 들은 것, 대성당과 주교
궁 사이에 있는 광장에 앉아 캔 맥주로 저녁 망중한을 즐긴

것이 더 좋았다.

주교궁은 가우디의 초기 작품이라 그의 건축 특징은 잘 드러나지 않는다. 바르셀로나에 있는 사그라다 파밀리아, 구엘 공원, 카사 밀라를 봤을 때와는 확실히 분위기가 다르다. 아이 같은 감성도 장난스러운 재미도 없다. 레온에 있는 보티네스 저택처럼 세련된 신사같이 단정한 느낌 뿐이다.

이에 비해 주교궁 바로 옆에 있는 **아스토르가 대성당**(Catedral de Santa Maria) 정문 파사의 아치형 조각품이 오히려 더 인상적이다. 섬세한 손길로 조각을 한 듯 인물의 표정까지 세세하게 묘사되어 있다. 건물 양쪽의 종탑을 이루는 석재의 색이 서로 다르고 뒤쪽 본관 건물과도 차이가 나는 걸 보니 보수공사를 크게 한 것으로 짐작된다.

폰세바돈으로 가는 긴 능선

6:40, 아침 기온은 12도. 아스토르가를 출발, 폰세바돈까지 가는 일정을 시작한다. 숙소 뒤쪽에 있는 아스토르가 대성당 앞에 있는 노란 화살표를 찾아 걷는다. 이 시각에는

동행하는 순례자가 많다.

아스토르가에서 얼마 벗어나지 않은 곳에 17세기 **에케 호모 경당**(Ermita del Ecce Homo)이 있다. 이른 시간에 문을 연 카페인 줄 알고 지나칠 뻔했다. 자원봉사 하는 분이 청소 중이라 들어가 보니, 성모상을 모셔 놓은 작은 경당이다.

'에케 호모(라틴어: Ecce homo)' 또는 '에체 오모'는 요한복음서 19장 5에 나오는 라틴어 어구로, 폰티우스 필라투스가 예수를 채찍질하고 머리에 가시관을 씌운 뒤 성난 무리 앞에서 예수를 가리키며 한 말로, '이 사람을 보라'는 뜻이다. 티치아노, 안드레아 만테냐 등 예술가의 작품 활동에도 영감을 주어 예수의 고난 장면을 그림으로 그려내도록 했다. 경당 옆에 여러 나라 언어로 된 표지석이 있는데, 한국어로 '신앙은 건강의 샘'이라고 적혀 있다. 그나저나 경당 부근에서 한국인 순례자 무리가 알베르게를 안내하는 화살표를 보고 오른쪽으로 길을 잘못 가는 걸 멀리서 봤는데, 괜스레 걱정이다.

4.4km 지점에 있는 **무리아스 데 레치발도**(Murias de Rechivaldo)는 다른 마을에 비해 집들이 고급스럽다. 아스토르가의 전원도시쯤 되어 보인다. 이른 시각이라 인적이라

고는 찾아볼 수 없고 순례자들의 조용조용한 발소리만 마을 골목에 서성인다. 마을 중간에 카페가 있어 아침 식사도 할 겸 잠시 쉬어 간다.

산타 카탈리나 데 소모사(Santa Catalina de Somoza)까지 4.5km는 거의 일직선이다. 왼쪽으로는 차도가 있고 오른쪽으로는 멀리까지 숲이 우거져 있다. 소모사는 '산의 능선'을 의미하는 라틴어에서 온 것으로 마을의 위치가 폰세바돈으로 가는 긴 능선에 자리 잡은 데서 유래한다.

중간에 **카스트리요 데 로스 폴바사레스(Castrillo de los Polvazares)** 마을은 지역 관광지로 전통 음식인 마라가토식 스튜인 코시도 마라카토가 유명하다. 코시도 마라가토(coci-do maragato)는 레온의 전통음식으로 병아리콩과 9가지 다른 고기를 사용하여 만든 스튜식 요리이다. 오전 9시라 점심을 먹기에도 적당하지 않아 아쉽게도 맛을 보지 못했다. 부산 사나이를 만나 마라카토를 아냐고 물었더니 '머라카노요?' 한다. '머라카노가 아니라 마라카토!' 사투리랑 발음이 비슷하게 들려 서로 한참 웃었다.

오르고 또 오르고

이곳에서 다음 마을인 **엘 간소(El Ganso)**까지 4km 구간
은 쉴만한 곳이 없다. 한가히 풀을 뜯고 있는 소들과 눈을
마주쳤는데, '그렇게 열심히 걸어서 어디 가?' 하며 커다란
눈을 껌벅인다. 엘 간소 마을 길가 카페에서 콜라(아주 작은
병이 €2로 물가가 많이 올랐다.)와 가져온 사과, 감, 빵으로 배를 채
우고 다시 길을 떠난다.

길 오른쪽으로 소나무 숲이 울창한데, 숲이 길 가까이 있
지 않아 그늘이 닿지 않는다. 앉아 쉴만한 장소는 4.7km를
더 가서 도로를 만나는 지점에 있는 작은 나무 벤치뿐이다.
여기부터는 오르막 산길이다. 산길이 끝나는 곳에 **라바날
델 카미노(Rabanal del Camino)**라는 마을이 있다. 레온 산맥
의 입구에 있어 산을 넘기 전, 이곳을 찾은 순례자를 강도
로부터 보호하기 위해 폰페라다에 본부를 둔 템플기사단의
전초기지가 있던 곳이라고 하는데, 마을 전체가 알베르게인
듯 작은 마을치고는 알베르게가 많다. 아스토르가에서 같
이 온 사람들이 갑자기 하나둘 사라졌는데, 대부분 이곳에
서 숙박하는 모양이다. 부산 사나이 일행도 오늘은 이곳에

머문다.

라바날을 지나 1시간 정도 걸은 후에야 왜 사람들이 폰세
바돈까지 가지 않고 라바날에서 쉬는지를 알았다. 폰세바돈
까지는 6km밖에 안 되는 거리인데 가파른 오르막이 마을
입구까지 이어지는 코스라 아주 힘들기 때문이다. 지난 3일
동안 거의 비슷한 거리를 걸었는데 오늘이 제일 힘든 코스
다. 26km 코스 전체가 오르막이다.

1990년대 한 때는 어머니와 아들, 단 두 명만 살았던 작은
마을 폰세바돈(Foncebadon). 1450m 고지에 위치한 마을답
게 멀리 내려다보이는 들판의 풍경이 장관이다. 이런 풍광
을 바라보며 외로움을 달랬을까? 아니면 가슴에 품을 수조
차 없는 커다란 아름다움에 겨워 외로움이 더 깊어졌을까?

제29화

철십자가에 소원을 빌고

걷기 4일 차(24일 차)
Foncebadon ~ 폰페라다(Ponferrada)
27.84km / 9시간 26분
숙소 : Albergue-Guiana Hostel (€15, 7인실)

폰세바돈을 떠나며

고도가 1450m로 높은 지대라 기온이 낮고 춥지 않을까 걱정했는데 그렇지 않았다. 밤에 산책하러 나가도 춥지 않고, 창문을 열어 놓고 잤는데도 추위를 전혀 못 느꼈다. 아침에 일어나 출발할 시각에 기온이 15도, 오히려 어제보다 높다. 비도 오지 않는 맑은 날이 계속되어 다행이다.

마을이 참 작다. 마을 입구에서 100m 정도 올라가면 마을 끝일 정도다. 이 작은 마을이 산티아고 순례길 중간에 위치해 중세 시대에는 꽤 번성했다고 한다. 10세기에 레온의 라미로 2세가 마을에서 종교 의회를 소집했고, 11~12세기에 은둔자 과셀모가 병원과 교회를 세워 순례객을 환대했다는 이야기가 전해진다. 마을 사람들이 순례길을 표시하기 위해 땅에 800여 개의 말뚝을 박는 대가로 세금 면제를 받기도 했다는데 한때 이곳에 그렇게 많은 사람이 살았을 모습을 상상하기가 쉽지 않다.

아침 6:35. 마을 아래쪽 숙소에서 마을 뒤쪽으로 발길을 잡는다. 오르막 양옆으로 알베르게가 줄지어 있어 길 위에 옅은 빛을 던져준다. 마을 끝부터는 산길이다. 어둠이 짙어

달과 별 외에는 아무것도 보이지 않는다. 언제 이렇게 많은 별을, 저렇게 또렷한 별을 보았던가? 이집트 바하리야(Baha-ria) 사막이었구나! 그러고 보니 이곳과 바하리야 사막이 그리 멀지도 않다. 지중해를 건너면 바로 그곳이다.

철십자가에 소원을 빌며

어두운 산길을 30분 정도 지나자 몇 개의 불빛이 어른거린다. 이 코스를 지날 때 꼭 들러야 하는 철십자가가 있는 곳이다. **철십자가**(Iron Cross, 갈리시아어 La Cruz de Fierro)는 프랑스 산티아고 길의 가장 높은 지점인 고도 약 1500m, 스페인의 폰세바돈과 **만하린**(Manjarín) 사이에 있다. 현재 있는 것은 아스토르가 카미노 박물관에 있는 원본의 복제품으로 높이 약 5m의 나무로 제작된 것이다. 나무 기둥의 꼭대기 부분에 철로 만든 십자가가 있어, 철십자가라 부른다.

아직 어둠이 가시지 않은 시각이라 플래시를 비춰도 철십자가 전체 모습은 잘 보이지 않는다. 기둥 아래에는 상당히 넓은 돌무더기가 있는데, 순례자들이 태어난 곳에서 가져와

십자가를 등지고 던지는 전통이 있어서다. 한국에서 가져온 돌은 아니지만 돌 하나를 집어 십자가를 등지고 던지며 소원 하나를 빌었다. 내가 던진 돌과 함께 수많은 돌 하나하나에 얽힌 기도와 소망은 천 년의 시간을 넘어 현재까지 이어지고 있다. 보잘 것 없는 작은 돌 하나에 의미를 두는 건 인간만이 가진 낭만적인 특권이지 않을까.

철십자가를 지나 산길 옆으로 산불이 났다. 길가 나무에 불이 붙어 제법 큰불이다. 앞서가던 독일인 부부가 전화로 신고를 하고 있다. 철십자가에 이르기 전에 폰세바돈에서도 불길이 보였는데, 이곳에서도 불이 난 것이 우연일까. 누군가 담뱃불을 던져서 그런 건지 아니면 다른 이유로 일부러 불을 낸 걸까. 걱정하며 만하린 쪽으로 내려간다. 만하린 초입 길가에 있는 푸드 트럭에서 보니 막 소방차가 올라가고, 연기는 계속 피어오르고 있다. (나중에 뒤에 온 분들에게 들은 소식은 소방관 두 사람이 불을 진화하지 못해서 한참 후에 큰 소방차가 여러 대 와서 불을 껐다고 한다.)

폰세바돈에서 **엘 아세보 데 산 미구엘**(El Acebo de San Miguel)까지 11.5km 구간에는 카페도, 쉴만한 곳이 따로 없다. 중간에 이 푸드 트럭이 유일하다. 푸드 트럭에 앉아 있으니 조금씩 해가 밝아 온다. 커피와 달걀, 빵을 막 먹으려는데, 조그만 털북숭이 강아지 녀석이 옆에 앉아 가만히 올려다본다. 푸드 트럭 주인이 강아지가 달걀을 아주 좋아한다고 한마디 거든다. 강아지와 푸드 트럭 주인은 한통속이 틀림없다. 내 달걀의 반은 녀석이 먹었다. 이제 없다고 손을 탈탈 털어 보여 줬더니 가만히 옆 사람에게로 가서 똑같은 행동을 한다. 많이 해 본 솜씨다. 그 순진무구한 얼굴과 눈빛을 보고는 달걀을 혼자 먹을 수 있는 사람은 아무도 없지 싶다.

즐거운 아침 식사를 하고 다시 길을 떠난다. 다 올라온 줄 알았더니 아직 4km를 더 올라간다. 산길이라 해도 숲이 우거진 숲길을 걷는 것이 아니라 좋다. 고도가 높아 길가에는 낮은 잡목들만 무성하다. 우리 산의 둘레길처럼 산허리를 빙 둘러 가며 주변의 산과 하늘을 눈에 담을 수 있다.

내리막길이 더 힘들어

8km 지점부터 오늘의 종착지인 폰페라다까지는 대체로 내리막이다. 내리막을 조심조심 걸어 **아세보**(Acebo) 마을에 도착한다. 언덕 위에서 바라본 마을이 참 이쁘다. 하나 둘 천천히 세어보니 대충 50여 가구로 규모가 크지 않은 산골 마을이다. 마을 초입에 카페가 하나 있다. 쉬고 갈 생각이 없어 작은 슈퍼마켓이 있으면 음료수만 하나 사려고 그냥 지나쳤는데, 마을 끝에까지 상점이라고는 없다. 길가에서 잠시 쉬다가 4km를 더 걸어 **리에고 데 암브로스**(Riego de Ambros) 마을 외곽에 있는 자그마한 레스토랑에서 허기를 채운다. 시골길을 걸을 때는 카페 있으면 우선 먹고, 쉬는 게 상책이다. 다음번에 하다가는 배곯기 십상이다.

다음 마을인 **몰리나세카**(Molinaseca)까지 내리막 산길이다. 돌과 흙먼지투성이 길을 조심조심 걸을 수밖에 없어 발바닥과 무릎이 아프고, 시간이 오래 걸린다. 어제보다 고작 1km 정도 더 긴 코스인데 시간은 1시간 반이나 더 걸린다.

몰리나세카 마을은 물레방아 도는 냇가에 만들어진 정감 있는 곳이다. 길 오른쪽에 오래된 교회가 있고, 길옆으로는 메루엘로 강(Rio Meruelo)이 흐른다. 다리 아래에 먼저 온 이들이 발을 담그고 쉬고 있고, 강 건너 카페에서 한가로이 맥주를 즐기는 사람들을 보니 지친 내 몸에도 잠시 생기가 돈다. 이곳 마을 이름은 강가에 있는 물레방아를 일컫는 몰리노스에서 유래한다.

음료수와 과일로 에너지를 보충하고 종착지를 향해 다시 출발. 차도 옆 인도를 한참이나 걷는 건 참 지루한 일이다. 게다가 가을날 오후의 태양도 여름만큼이나 뜨겁다. 같이 산길을 내려오던 사람들은 하나둘 중간중간 사라지고 폰페라다까지 가는 사람은 몇 되지 않는다. 긴 인도 끝에서 캄포(Campo)라는 작은 마을을 지나고 또다시 뜨거운 아스팔트 길을 한참이나 걸어 오늘 밤 묵을 알베르게에 도착한다.

여기는 철의 다리가 있는 폰페라다다.

제30화

─────

혼자인 시간에 사람은 그리워

걷기 5일 차(25일 차)
Ponferrada ~ 비야프랑카 델 비에르소
 (Villafranca del Bierzo)
26.16km / 8시간 41분
숙소 : Albergue Leo(€12, 6인실)

철의 다리, 폰페라다(Ponferrada)

폰페라다는 스페인 카스티야 레온주에 있는 도시로 인구가 69769명(2018년 기준)으로 북부 지방에서는 제법 큰 도시에 속한다. 해발 고도는 544m, 도시 주변이 높은 산으로 둘러싸인 지형인데, 산이 멀고 낮아 분지같이 보이지는 않는다. 숙소가 있는 곳에서 주변을 바라보니 가까운 곳에 있는 숲은 단풍이 들어가는 중이고, 더 먼 쪽 산은 더 짙고, 그 너머의 산은 뿌연 회색빛이다.

이 도시는 로마 제국 시대부터 광업의 중심지로 성장했으며 도시 기반이 확립된 시기는 11세기이다. 문헌에 처음으로 등장한 시기도 바로 그즈음이다. 도시 이름은 '철로 된 다리'를 뜻하는 라틴어인 '폰스 페라타(Pons Ferrata)'에서 유래한다. 이는 1082년 오스문도(Osmundo) 주교가 산티아고 데 콤포스텔라 순례길을 순례하던 도중, 도심을 흐르는 실 강(Rio Sil)에 다리를 세운 데서 비롯되었다고 한다.

한때 스페인 석탄 산업의 중심지였지만 1980년대 말에 많은 광산이 폐광되면서 광업이 쇠퇴했고, 현재는 관광업, 농업(과일 및 포도주 산업)이 주를 이룬다. 주변에 유네스코(UNE-

SCO) 세계유산으로 지정된 로마 제국 시대의 금 광산 유적인 **라스 메둘라스(Las Médulas)**에 찾아가 볼까 했는데 도시에서 제법 멀다. 차가 없으면 가기 어렵고, 시간도 많이 걸릴 것 같아 포기했다.

이곳에 방문한 날이 마침 일요일이라 대부분의 상점이 문을 닫았다. 숙소 직원에게 물어보니 근처에 미니 슈퍼마켓이 있다는데, 역시나 문이 닫혔다. 다행히 알베르게 휴게실에서 정보를 얻어 근처 주유소 마트에서 장을 잔뜩 봐 왔다. 나름 근사한 저녁 식사를 했다. 그래봐야 피자 데우고, 야채 샐러드에 오렌지 주스지만, 이 소소한 것이 큰 행복을 준다.

많이 오른 물가

오늘은 6:40에 출발. 아침 기온이 어제와 비슷한 14도, 한낮에는 20도를 넘어 아직 여름인가 싶을 정도다. 서양인들은 추위를 잘 타지 않는지 대부분이 반바지 차림이고 민소매를 입은 여자도 많이 보인다.

숙소를 나와 5분 거리에 **폰페라다 성**(Ponferrade Castle)이 있다. 이곳은 중세 템플기사단의 사령부로, 이곳을 지나는 산티아고 순례자를 보호하기 위해 12세기 옛 로마제국의 요새를 증축한 것인데 지금은 박물관으로 쓰이고 있다. 어두워 전체 모습을 보기는 여의치가 않으나 가까이에서 본 성의 높이가 상당하다. 성벽 아래에 해자도 있어 견고한 요새

의 모양새를 갖추고 있다. 템플기사단은 순례자를 보호한다는 명분으로 활동을 했겠지만, 그들의 의식주를 해결하기 위해 얼마나 많은 이들이 힘든 노동으로 뒷바라지를 했을까 싶은 생각이 드는 건 괜한 심술일까?

도시가 넓어 도시의 외곽으로 나오는 데까지 2.5km를 걸어야 한다. 도시 외곽에 이어 있는 마을이 **콤포스틸라**(Com-postilla)인데, 최종 목적지와 철자 하나만 다른 이름이라 벽에 써 놓은 글이 잘못된 줄 착각했다. 마을 초입에 있는 수도원 건물같이 생긴 다주택 건물에 카페가 있기는 하지만 문을 열지 않았다. 이곳에서 **콜롬브리아노스**(Columbri-anos), **푸엔테스 누에바스**(Fuentes Nudvas)를 지나, 11km 거리에 있는 **캄포나라야**(Camponaraya)까지는 아스팔트 포장도로와 잘 정비된 인도를 걷는다. 어제까지의 산길과는 사뭇 다르다.

어제와 그제, 이전의 두 코스 산길이 힘들어 오늘은 동키 서비스로 배낭 하나를 다음 숙소로 미리 보냈다. 동키 서비스 이용료도 €5에서 €6으로 올랐다. 커피와 음료수, 알베르게에서 하는 저녁 식사비용도 €2~3씩 올랐다. 알베르게 이용료도 작년(2022)에는 €7~12가 대부분이었는데, 올해는 공립은 €7~10 내외이고, 사설 알베르게는 €12~16이 대세다. 환율도 1200원대에서 1400원대로 올라 이래저래 비용이 더 든다.

제법 큰 도시인 캄포나라야에서 잠시 쉬며 아침 식사도 해결하고 다시 걷는다. 오늘 코스는 특별한 건물도, 이정표도 없는 밋밋한 길이다. 캄포나라야 마을 끝에 올림픽 동메달을 기념하는 동상이 서 있는데, 역도 동메달을 딴 선수가 아마도 이 고장 출신인가 보다. 길옆 와이너리에 문이 열려 있어 들어갔더니 아무도 없다. 스페인 사람들은 일에도 장사에도 요즘 우리말로 '부심'이 없어 보인다고 말하면 지나친 확대 해석일까. 참 느긋한 사람들이다.

사람이 그리운 시간

다시 비포장 길이다. 언덕 하나를 넘어가니 길가에 히피 차림의 젊은이 몇몇이 기념품을 파는 자판을 펼쳐 놓고 있고 나무 벤치도 있어 잠시 쉬어 간다. 멍이 한 녀석이 슬슬

다가오더니 눈을 지그시 뜨고는 나를 바라본다. 아무 소리도 안 내지만 무슨 뜻인지는 알겠다. 그런데 이 녀석은 배낭에 조금 전에 산 빵이 있는 줄 어떻게 알았을까? 마트에서 산 페스츄리 하나를 다 먹는다. 멍이 집사에게 빵값을 달랬더니 낄낄 웃기만 한다. 부드러운 빵도 겨우 씹어 먹는 걸 보니 나이가 많이 들었나 싶어 애처롭다. 착하게 생긴 멍이가 집사 따라 다니느라 고생이다.

덥고 단조로운 길을 따라 **카카벨로스**(Cacabelos)에 이른다. 광장 주변 바에서 빠에야와 맥주 한 잔으로 점심 식사를 하는데, 맞은편 바의 메뉴판에 '라면, 김치, 밥'이라고 한글로 적혀 있다. '여기가 바로 어느 후기에 족보 없는 라면과 김치를 판다는 곳이구나!' 그런 혹평 있다는 걸 주인은 아는지 모르는지.

도로를 따라 오르막을 한참 걷다가 다시 포도밭을 지나 마침내 **비야프랑카 델 비에르소**(Villafranca del Bierzo)에 들어선다. 비야프랑카 성 근처 카페에 엊그제 뵌 분이 맥주를 마시는 중이라 같이 앉았다. 맥주 한잔을 나누며 일과 인생, 자식과 가족, 그리고 순례길에 대한 이야기로 시간 가는 줄 모른다. 부부가 같이 오기로 했다가 손자 때문에 혼자

올 수밖에는 없었다고 하신다. 혼자여서 더 좋다고 하시지만 많이 외로워 보인다. 외로우니까 사람을 만나면 살가워하고 이야기하고 싶어 하는 거다. 혼자인 시간, 홀로 걷는 길도 좋지만, 사람이 그립고 이야기가 반가운 건 어쩔 도리가 없다. 남은 맥주가 더 이상 시원하지 않을 때쯤 각자 숙소를 향해 일어선다.

여기는 사람이 그리운 비야프랑카 델 비에르소다.

제31화

―――――――

우리 산을 닮은 발카르세(Valcrce)

걷기 6일 차(26일 차)
Villafranca del Bierzo ~ 오 세브레이로(O Cebreiro)
29.74km / 9시간 11분
숙소 : Albergue Casa Compelo(€55, 2인실)

\<스페인 하숙\> 촬영지 비야프랑카 델 비에르소

비야프랑카 델 비에르소는 작고 평화로운 도시다. 도시 입구에서 내려다보면 도시가 마치 숲속에 묻혀 있는 것처럼 보인다. 일찍부터 프랑스 순례자들이 정착해 '프랑스인 마을'이라는 의미의 비야프랑카와 원래 이 지역의 이름인 비에르소가 합쳐져 현재의 도시 이름이 되었다.

비야프랑카 성에서 오른쪽으로 내려가면 산티아고 성당이 있다. 이 성당은 1186년 아스토르가의 주교가 교황청으로부터 허가를 받아 건축하였다고 하며, 성당의 북쪽 전면에 있는 '자비의 문(Puerta del Perdon)'이 유명하다. 몸이 아파 콤포스텔라까지 순례를 마치지 못한 순례자가 이 문을 통과하면 순례를 마친 사람들과 마찬가지로 이 세상의 죄를 면제받는 전대사를 받을 수 있었다고 하는 문이다. 지금은 성당이 운영되지 않고 폐쇄되었다.

해가 지기 전에 잠시 산책하러 나가 한국인에게 유명한 **산 니콜라스 엘 레알(San Nicolás El Real)**이라는 알베르게에 들렀다. 이곳은 수도원을 알베르게로 사용하는 곳인데, 차승원, 유해진, 배정남이 출연한 삼시세끼 유럽 버전인 〈스페인 하숙〉을 촬영하던 곳이다. 〈스페인 하숙〉은 나영석, 장은정 PD가 제작한 tvN의 예능 프로그램으로 2019년 3월 15일부터 5월 24일까지 방영되었다. 유럽에서 하숙집을 운영하며 음식을 제공하는 콘셉트로 인기를 끌었다. 건물 외관은 고풍스럽다. 내부는 좌우로 긴 회랑이 있고, 중정은 카페 테이블이 여럿 놓여 있다. 프로그램 방영 후, 많은 한국인이 찾았다고 하는데 사용 후기는 별로 좋지 않았다는 후문이다. 내부 시설이 낡고 베드버그도 많아 불편했다고 한다.

앗, 베드버그다!

오늘 코스는 생장에서 피레네산맥을 넘어가는 길 다음으로 힘든 코스다. 배낭 하나는 동키 서비스로 보내고 가벼운 차림으로 숙소 뒷문을 나와 비야프랑카를 빠져나간다.

07:05. 출발이 좀 늦었다. 숙소 직원도 친절하고, 삼겹살과 포도주로 저녁도 잘 차려 먹고, 6인실이지만 2인실 공간처럼 된 곳을 배정받아 좋았는데, 베드버그(Bed Bug)가 문제

였다. 새벽 1시쯤 잠에서 깼다. 그때부터 온 몸이 가려워 잠을 제대로 자지 못했다. 그때 한 마리 잡고, 아침에 일어나 짐을 싸면서 더 큰 놈을 잡았다. 엄지손톱으로 꾹 눌렀더니 붉은 피가 툭 하고 터져 나온다. 원래부터 이곳에 사는 놈인지 다른 곳에서부터 딸려 온 것인지는 모르겠지만 아무튼 베드버그의 실물을 마침내 보고야 말았다. 1차 순례 기간 내내 한 번도 마주친 적이 없고, 지금까지 잘 피해 왔는데. 아마도 부산 사나이가 예약해 준 그 알베르게부터 따라온 녀석이 아닐까 싶다. 그때 복도에 쌓여있던 담요를 베개 삼아 썼던 것이 화근이다.

아침 기온은 어제와 같은 14도인데, 바람이 많이 불고 공기가 차다. 마치 초겨울 날씨다. 배가 고프면 더 추운 법, 마을을 빠져나가기 전에 카페에 들러 커피 한 잔을 마신다. 쌀쌀하지만 몸이 가벼워 5km를 걷는 데 한 시간이 걸리지 않는다. 차도와 분리된 인도를 따라 걷는 길이라 어두워도 걷기에 좋다.

우리 산과 닮은 발카르세 계곡의 산

차도를 건너 우측 **페레에(Pereje)** 마을로 들어선다. 길 양쪽으로 단풍이 물들기 시작한 나무가 우거져 있고, 왼쪽 아래에 개울물 소리가 맑다. 어느 집 수탉이 목청을 돋우어 긴소리를 뽑아낸다. 마을에는 폐가가 많고 사람 흔적이 있는 집이 드물다. 이곳뿐만 아니라 순례길 곳곳의 작은 마을 상황이 비슷하다. 노인만 남고 젊은이는 도심으로 다 빠져나간 건지, 우리나라처럼 인구가 줄어서인지 사람 보기가 쉽지 않다. 인구폭발을 걱정하는 때가 언제인가 싶다.

마을 끝에서 다시 차도를 건너간다. 길을 따라 쭉 걸어도 만나는 길인데, 순례길은 마을을 빙 둘러 돌아오게 표시되어 있다. 7.8km에 **트라바델로(Trabadelo)** 마을, 이곳은 사람 사는 냄새가 난다. 입구에 큰 카페도 있어 순례자들이 아침 식사 겸 휴식을 취한다. 배낭에서 과일을 꺼내 한두 개 먹고 다시 출발. 마을을 빠져나가 다시 차도를 건너고 도로와 분리된 길을 따라 5km 가면 여러 도로가 교차하는 지점에 3성급 호텔과 레스토랑이 있는 휴게소다.

휴게소를 지나면 바로 **라 포르텔라(La Portela)**다. 자그마한 순례자 석상이 순례자를 반긴다. 라 포르텔라를 지나, 길 오른쪽 알베르게 바에서 만들어 파는 츄로스가 맛있다는 소문을 듣고 찾아갔더니, 오전 9시 넘은 시각인데도 역시나 아직 영업 전이다. 분명 늦은 밤까지 영업을 했을 리가 없을 텐데 이 시각에 카페 안에 인기척도 없다. 장사에 '부심'이 없는 게 확실하다.

길 왼쪽 아래로 개울물이 빠르게 흐르는 소리가 나는 걸 보니 산 쪽으로 올라가는 길이다. 우리나라의 어느 산사로 가는 고즈넉한 길과 닮았다. 이 길이 감옥 계곡이라는 명칭을 가진 험하고 좁은 **발카르세**(Valcarce) 계곡이라는데, 실제로 걸어보니 그렇지는 않다. 오래전 도로가 정비되지 않고, 숲이 더 우거져 있을 때는 어땠는지 몰라도 지금은 물좋고 경치 좋은 계곡일 따름이다. 카페와 슈퍼마켓도 여럿 있는 **베가 데 발카르세**(Vega de Valcarce)와 **루이텔란**(Ruite-lan), 소들이 한가히 풀을 뜯는 전형적인 농촌 마을 **에레리아스**(Herrerias)는 우리의 농촌 풍경과 참 많이 닮았다.

오 세브레이로

에레리아스부터는 오르막 7km 산행이다. 순례객 중 많은 이들이 오르막 코스 전인 발카르세나 에레리아스에서 쉬고 다음 날 이동한다. 여기서부터 매우 힘든 길이기 때문이다. 에레리아스에서 말들이 여럿 있는 걸 보았는데, 농사에 쓰이는 말이 아니라 장거리 순례객 영업용 말이다. 이 말이 순례객을 태우고 오 세브레이로까지 오르내린다(요금은 €50). 가파른 오르막이 길어 이용하는 사람이 많다고 한다. 이집트 시나이반도에서 모세산(시나이산)에 올라가거나 내려가는 성지순례자가 낙타를 타는 경우가 있는데 그것과 비슷하다. 말과 낙타가 자기들은 원치도 않은 성지 순례하느라 고생이다. 이 말과 낙타는 천국에 가거나, 만약 환생한다면 틀림없이 사람으로 태어나리라.

라 화바(La Faba) 안내판이 보이는 초입의 황토 숲길이 참 이쁘다. 아스팔트 오르막을 한 시간을 걸어온 터라 이 길이 너무 반갑고 고맙다. 그것도 잠시, 가파른 산행 코스가 기다린다. 그늘진 숲길이라 그나마 다행이다. 숨이 턱까지 차오르기를 몇 번, 겨우 마을에 도착. 마을 길가의 샘물을 한 바

가지 떠서 벌컥벌컥 마신다. 샘물 아래 표지석에 산티아고까지 165km라고 적혀 있다. 라 화바는 레온에서 온 거리와 남은 거리가 정확히 같은 지점, 딱 중간에 있다.

다시 산길, 한 시간을 더 올라가면 오 세브레이로 가기 전의 마지막 마을, **라구나**(La Laguna)다. 카페를 겸한 알베르게에서 맥주 한잔. 이 산길에 어디서 왔다가 어디로 가는 택시인지 두 대나 지나간다. 더 앉아 있다 택시 오면 타고 가야겠다는 유혹을 뿌리치고 마지막 힘을 낸다. 가는 길 중간에 갈리시아(Galicia) 주 경계 표지석이 있는데 빨강 노랑의 알록달록한 색이 이채롭다. 이 표지석은 레온 주에서 갈리시아 주로 넘어가는 경계가 된다. 고도가 높은 곳이라 주위는 온통 산과 계곡뿐이다. 푸른 하늘 아래 숲과 목초지, 그 사이에 드문드문 작은 마을이 있다. 젖은 겨드랑이 사이로 바람이 스쳐 지나간다. 땀이 식으며 살짝 한기가 느껴진다.

어느덧 1296m 고지의 **오 세브레이로**(O Cebreiro)다. 오늘은 2인실의 편한 침대에서 늦은 아침까지 푹 자야겠다.

제32화

가을 단풍의 애틋한 아름다움

걷기 7일 차(27일 차)
O Cebreiro ~ 트리아카스텔라(Triacastela)
22.2km / 7시간 17분
숙소 : Albergue Atrio(€11, 4인실)

오 세브레이로의 일출

아침 7:50, 기온은 14도. 고도가 높은 곳인데도 기온은 그리 낮지 않은데 바람이 많다. 오랜만에 제대로 된 침대에서 늦게까지 푹 잤다. 어제저녁 식사를 한 카페에서 모닝커피를 마시고 일출을 보러 마을 입구로 간다. 사람들이 옹기종기 모여서 해가 떠오르기를 기다리고 있다. 해가 뜨기 전, 저 멀리 산머리 부분이 붉게 물든 풍경만으로도 장관이다. 새해 아침에 이곳에서 해돋이를 하는 사람이 많을 것 같다. 도로가 있어서 차로 올라오면 되는 곳이다.

오 세브레이로는 갈리시아 지방의 신화를 품은 산인 오스 앙카레스(Os Ancares)와 오 코우렐(O Courel) 사이에 위치하고 있다. 위치, 역사, 전설 및 건축물 가치로도 의미 있는 마을인데, 이 곳에는 **파요사(palloza)**라는 독특한 건축물 4채가 보존되어 있다. 파요사는 사람이나 짐승이 살 수 있게 지은 집으로 돌로 만든 벽체 위에 초가를 얹은 형태이다. 로마 시대 이전부터 살던 원주민의 전통적인 초가집을 말하는데, 지붕에 얹은 재료인 '밀짚'에서 그 이름이 유래한다.

파요사는 우리나라의 초가집과 비슷하게 생겼으나, 외형

적으로 파요사의 초가지붕이 우리나라 초가지붕보다도 훨씬 높고 크다. 지붕 아랫부분이 튼튼한 돌담이라 무거운 지붕을 떠받칠 수 있어서 큰 지붕이 가능하다. 거센 비바람과 눈보라, 강한 햇볕 등 고산 지대의 험한 자연환경에서 인간이 살아가기 위한 진화의 산물이 아닐까. 내부 구조는 어떻게 되어 있는지 궁금하나 들어가 볼 수가 없다.

햇살의 눈부심과 단풍의 애틋함

일출을 기다리고 있다가 요 며칠 계속 보던 60대 중반의 한국분을 만났다. 오 세브레이로 아래쪽 두 번째 마을인 라화바에서 일출을 보기 위해 06시에 출발해 올라왔다고 한다. 이번에는 다른 때와는 다르게 부부가 함께다. 남편은 걸음이 빨라 먼저 가고, 부인은 한참 뒤에서 따로 가는 분들인데, 따로 가는 이유도 재밌다. 아내 말에 의하면, 두 분 모두 영어가 서툴러 전화로는 숙소 예약이 어려워 걸음 빠른 남편이 먼저 가서 숙소 예약을 해야 하기 때문에 같이 갈 수가 없단다. 남편 말에 의하면, 아내는 사진작가도 아니면서

온갖 사진을 다 찍고 다녀 도저히 같이 다닐 수 없어서란
다. 그래도 이곳까지는 길이 어두운 산행코스라 같이 올라
오신 모양이다.

그러고 보니 이번 가을 순례는 여름의 분위기와 사뭇 다
르다. 여름 순례에는 젊은이가 많다. 방학을 이용한 대학생,
대학 진학을 앞둔 고등학교 졸업생, 긴 여름휴가를 낸 직장
인이 많고, 어린 자녀나 반려견과 함께 단기간에 일부 구간
만을 순례하는 가족도 더러 있다. 기타를 메고 다니는 낭만
파 과객도 있어 길가의 카페나 알베르게에서 기타 치며 노
래하는 모습을 종종 본다.

반면에 가을에는 전반적으로 나이가 많은 분이 많다. 한
국 여행사 단체로 오신 분도 대부분 60~70대의 은퇴자라고
그제 만난 조 대표님이 말씀하셨다. 한국 분만이 아니라 순
례하는 외국인 중에도 나이 많은 이가 많다. 독일 커플(별명
파스타, 10명이 먹을 정도의 파스타를 둘이 요리해서 해치움), 각각 순례
와서 커플처럼 손잡고 다니는 한국인 두 청춘, 긴 머리카락
을 휘날리는 프랑스 청년 등 젊은이도 없지 않지만, 50대 중
반인 나보다도 나이가 많은 이들이 다수다.

한여름에 팜플로나, 로그로뇨, 부르고스, 사하군을 지나

레온까지 이어지는 해발고도 600m 이상의 메세타 평원의 뜨거운 밀밭 사이를 걷는 건 젊은이에게도 힘든 일이다. 아직 여름의 열기가 다 가신 것은 아니지만, 아침저녁으로 시원한 바람이 불고, 태양의 열기도 참을만한 가을 순례가 나이 든 이에게 더 현명한 선택이지 싶다.

그래서일까, 한여름의 분위기는 밝은 태양의 눈부심이라면 이 가을의 분위기는 단풍의 애틋한 아름다움이다. 순환의 역사를 아는 자, 삶의 순리를 받아들이는 나이 든 자의 아름다움이 있다.

포이오 고개를 넘어

오 세브레이로에서 길이 두 갈래다. 메인(Main way)과 서버 길이 있는데 메인 길이 추천길이라 이 코스를 걷는다. 사흘 만에 다시 큰 배낭을 메어서 배낭의 무게가 어깨를 거쳐 허리와 다리로 뻗쳐오는 느낌이다. 그래도 아침 공기가 상쾌하고 숲으로 난 길이 좋아 걸음이 가볍다. **리나레스(Linares)** 레이로에서 LU-633 도로를 따라 걷다가 처음으로 만나는

아주 작은 마을이다. 마을을 지나도 숲길이 계속된다.

숲길 끝 도로를 만나는 곳이 **산 로케 고개**(Alto do San Roque)다. 산 로케는 프랑스 출신으로 부친이 자기 고장의 장관일 정도로 부유하게 살았으나, 20세에 부모를 모두 잃고 성지순례를 떠나 병든 순례자를 치료하고 도와주며 공경받는 성인이 되었다고 전해진다. 이 고개에 거센 바람을 이겨내며 한 손으로 모자를 눌러 잡고 고개를 넘어가는 모습의 커다란 순례자 동상이 있다. 산 로케인지 아니면 수많은 순례객 중에 하나인지는 알 수 없다. 사람 키보다도 훨씬 큰 동상 아래에 서면 저절로 겸손해진다. 고개 너머로는 경사가 급하지는 않으나 오르내림이 반복되는 산길이 이어진다.

8.5km를 지나, 포이오 고개를 오르기 전, 오래된 예배당 옆에서 잠시 쉬어 간다. **포이오 고개**(Alto de Poio)까지 오르막이 힘들다. 경사가 매우 가팔라 자전거 라이더도 모두 내려 끌고 올라가며 힘겨워한다. 다행히 고개는 500m 정도라 길지 않다. 1335m 고지에서 내려다보는 경치가 장관이다. 저 아래 낮은 언덕과 그 뒤로 높고 낮은 산이 겹겹이 늘어섰다. 갈리시아 주(州)로 넘어온 이후로는 단풍도 더 짙어졌다. 11월쯤에 이곳을 찾는 순례객은 더 다양하고 아름다운 색으로 수놓은 산을 감상할 수 있겠다. 고개 정상에 있는 바에서 잠시 쉬고 내리막길을 걷는다. 포이오 고개를 지나오니 길이 다시 두 갈래다. 추천 길인 Main Way가 완만한 내리막이라 걷기에 좋다. 햇살은 사납지 않고 길은 순하다.

중간에 지나가는 폰프리아(Fonfria)와 비두에도(O Biduedo), 필로발(Fillobal)과 파산테스(Pasantes)는 사람이 사는 땅보다

소가 차지하는 땅이 넓은 소의 마을이다. 소 키우는 사람은 다 어디를 가고, 저 소들만 남았을까. 사람보다 많은 소가 아침저녁으로 우리에서 목초지를 오가며 길 위에 흔적을 많이 남겼다. 순례자는 소의 마을에서 소의 흔적을 잘 피해 다녀야 한다.

밤나무가 많은 숲길에 떨어진 밤을 한 줌 줍고, 오늘의 휴식처 **트리아카스텔라**(Triacastela)에 도착한다.

제33화

아름다운 숲길을 걷다

걷기 8일 차(28일 차)
Triacastela ~ 사리아(Sarria)
25.7km / 7시간 51분
숙소 : Albergue Oasis(€12, 4인실)

철기시대 마을 트리아카스텔라

오 세브레이로에서부터 험한 산길을 내려오면 만나는 곳이 트리아카스텔라다. 산에서 내려오면 도로가 갈리는데 차도 쪽에 슈퍼마켓이 두 군데 있고, 등산용품을 파는 가게도 있다. 마을로 들어가는 길 초입부터 카페와 알베르게가 연이어 있고, 마을 끝에 있는 카페에는 저녁 식사 시간에 사람들로 북적인다. 이 근방에 오래된 철기시대의 세 군데(tri) 정착지(castelos)가 있다는 데서 마을 이름이 유래한다. 관광 안내판에 철기시대 유물 발굴 사진이 있는데, 유물을 볼 수 있는 곳이나 발굴지가 어디인지는 안내가 따로 없다.

07:50, 아침 기온은 16도. 알베르게 앞 카페는 벌써 문을 열었고, 순례자들이 커피와 식사 주문을 위해 줄을 길게 서 있다. 이곳부터 사모스(10km)까지는 카페가 없어 미리 식사하고 가려는 듯하다. 카페를 지나자 돌십자가상 옆에 <일서 우호기념비>가 있다. 순례자 중에 일본인은 잘 눈에 띄지 않는데 한때는 많은 일본인이 순례에 나섰던 모양이다.

사리아까지 가는 길은 두 가지다. 북쪽 길은 6km 정도 더 짧지만 길이 험하다. 두 길은 20km 지점인 아기아다

(Aguiada)에서 만난다. 대부분의 순례자는 더 길지만 더 순한 남쪽 길을 따라 걷는다. 북쪽 길은 가보지 않아 모르겠지만 남쪽 길은 오르내림이 있는 아름다운 숲길이 많다.

아름다운 숲길

마을 끝에 있는 커다란 네온사인 십자가를 지나면 차도 옆으로 난 길을 따라 걷게 된다. 플래시 불빛이 비추는 몇 발짝 앞부분만 보일 뿐 산과 숲으로 둘러싸인 길에 짙은 어둠만이 내려앉아 있고, 하늘에는 언제나처럼 달과 별이 나를 따라 걷는다. 어둠 속 이른 아침의 선선한 기운이 온몸으로 전해지며 피곤한 몸의 세포가 하나둘 서서히 깨어나고 걸음에도 속도가 붙는다.

3.7km에서 도로를 건너 마을로 들어선다. 카페 하나 없는 작은 마을이다. 5km 조금 지나 **렌체(Renche)**라는 마을이 있고 도로를 만나는 곳에 카페가 있기는 하나 문을 일찍 열지 않는 모양이다. 길가에 벤치가 있어 잠시 쉬다 간다.

다시 숲길이다. 하루가 다르게 단풍이 물들고 있다. 어제의 단풍과 오늘의 나뭇잎 색이 다르다. 여름의 푸른 잎은 오늘과 내일이 크게 다르지 않지만, 가을에는 그 차이가 확연하다. 하루하루가 달라진다. 인생도 그렇다. 젊음은 언제 끝날 줄 모르게 길고 오래갈 것 같지만 시간은 느닷없이 닥쳐오고 저 멀리 달아난다. 낙엽이 질 때쯤 겨울이 멀지 않음을 알듯이, 세월이 한참 지나간 후에라야 인생을 되돌아보게 된다.

밤나무와 상수리나무에서 떨어져 메말라 가는 길 위의 잎이 곧 겨울이 올 것임을 말해 준다. 머지않아 겨울이 올 때를 대비해 다람쥐는 열심히 도토리를 주워 모아야 할 텐데, 어쩐 일인지 길에는 밤송이와 도토리 천지다. 어제도 밤을 한 봉지 주워 삶아 먹었는데, 우리나라 밤맛과 별반 다르지 않다. 같은 방에서 지내게 된 코스타리카에서 온 할머니 안나에게 먹어 보라고 권했더니 코스타리카도 스페인도 밤을 먹지 않는다고 별로 좋아하지 않는 눈치였다. 한국에서는 겨울에 군밤 장수도 있고, 빵이나 밥에 밤을 넣기도 한다고 설명을 해 줬는데도 밤에는 통 관심을 안 보였다.

바람이 휙 불면 밤송이와 도토리가 우두둑 떨어진다. 걷다가 머리에 맞을 수도 있으니 조심해야 한다. 배낭을 멘 채

허리를 숙여 밤을 줍기가 여의찮다. 그래도 토실토실한 녀석들을 그냥 두고 가기가 아까워 하나둘 집다 보면 호주머니가 불룩해진다. 오늘 밤에도 밤을 삶아야겠다.

문이 굳게 닫힌 사모스 수도원

오리비오강(Rio Oribio)을 따라 10km를 가면 **사모스(Samos)**에 도착하는데, 이곳은 스페인에서 가장 오래된 수도원이 있는 곳이다. 사모스 지역은 역사 이전 시대로부터 거주민이 있었다는 고고학적 증거가 남아 있는 오래된 주거지다. 6세기에 수도원이 들어서며 마을도 수도원의 역사와 함께 발전해 왔다고 한다. 마을로 내려오는 중턱에서 바라본 수도원의 규모가 엄청나다. 산골짜기 작은 마을에 이토록 큰 규모의 수도원이 있다니….

수도원이 보이는 카페에서 커피와 빵으로 허기를 채운다. 코스타리카 할머니 안나는 수도원에 들어가 보고 싶어 안달이다. 카페에서 마을사람에게 이것저것 물어보고 바로 수도원으로 올라가더니 얼마 지나지 않아 시큰둥한 표정으로 내려온다. 오늘은 휴일(목요일인 오늘이 스페인 국경일)이라 오후 1시에 문을 연다고 수도원 문에 게시되어 있다며 실망이 이만저만이 아니다. 나도 올라가 굳게 닫힌 수도원을 배경으로 사진만 찍고 내려왔다.

사모스 수도원(Abadía de Samos)은 665년경에 **성 프룩투소 (Saint Fructuoso)**에 의해 개조된 것으로 알려져 있다. 숙소 회랑 벽에 새겨진 비문에는 루고 에르메프레도(Lugo Ermefredo)의 주교가 재건했다고 기록되어 있다. 재건 이후 이 도시는 이슬람 침공 때 버려졌다가 760년경에 아스투리아스의 프루엘라 1세 왕이 다시 탈환했다고 한다.

사모스 수도원은 중세 시대에 큰 중요성을 누렸는데, 당시에는 수도원 주위에 200채의 빌라가 있었다고 하니, 이 작은 골짜기에 얼마나 많은 사람이 살았단 말인가! 1558년에 화마로 소실되었다가 재건축되었고, 1880년 베네딕트회 수사들이 돌아와 거주하게 된다. 1951년에 또 다른 화재를 겪은 후 재건되었다고 하니, 우여곡절을 수없이 많이 겪은 수도원이다.

수도원을 지나자 마을 강변에 작은 공원이 있고, 산티아고로 가는 길은 공원 건너 카페(Pontenova) 옆길로 접어든다.

길 위에는 노랗게 물든 낙엽이 깔리고, 밤송이가 여기저기 뒹군다. 다람쥐는 한 마리도 보이지 않고 도토리만 우두둑 떨어지는 산길을 오르락내리락 걷는다. 사람이 사는지 빈집인지 알 수 없는 집이 두어 채 있는 마을을 한두 개 지나고 나면 북쪽 길과 만나는 **아기아다**(Aguiada)다. 기대와는 다르게 카페는 없고, 외양간 냄새만 풀풀 풍긴다. 이 동네도 사람보다 소가 많은 모양이다. 잠잘 시간도 아닌데 그 많던 사람은 다 어디로 갔을까?

마을 끝쯤에 서면 저 멀리 사리아가 보인다.

제34화

비를 맞으며 함께 걷는 길

걷기 9일 차(29일 차)
Sarria ~ 포르토마린(Portomarin)
24.8km / 7시간 17분
숙소 : Pension Portomino(€45, 2인실)

산티아고, 내 생애 가장 아름다운 33일

고대 도시 사리아

사리아 인근은 수천 년 전부터 사람이 모여 살았던 곳으로 고인돌을 비롯한 역사 이전 시대와 켈트족 문화에 이르기까지 고고학적 유물과 유적이 다양하게 발견된 곳이다. 1200년경, 레온 왕국의 알폰소 9세가 이곳에 도시를 세우고 비야노바 사리아라고 불렀다는 데서 이름이 유래한다.

사리아 초입에 있는 알베르게를 숙소로 잡았다. 길가 양편으로 알베르게가 줄지어 있어 이곳도 순례객의 도시라는 것을 알 수 있다. 특히 사리아에 많은 순례객이 모이는 이유가 있다. 이곳에서 콤포스텔라까지는 120km, 사리아에서 산티아고 데 콤포스텔라까지 순례하면 순례인증서를 받을 수 있기 때문에 짧은 구간을 순례하는 사람이 많이 모이는 것이다.

유명 블로그에 이곳에는 꼭 가봐야 하는 맛집 두 곳이 소개되어 있다. 하나는 빵집이고 다른 하나는 스테이크 레스토랑이다. 빵집(Panadería Pallares)은 1876년에 생겨 147년의 전통을 이어오는 곳이고, 스테이크 레스토랑(Restaurante Parrillada)은 구운 고기, 립아이, 갈비, 락소, 송어 등을 전문으로 하는 사리아식 바비큐를 하는 곳이다.

시내 중심가를 지나 빵집까지 걸어갔더니 이미 문을 닫았다. 저녁 아홉 시까지 운영하는 곳이라고 알고 갔는데, 오늘 (10.12)이 스페인 국경일이라 오후 두 시에 벌써 문을 닫았는데 정보를 모르고 온 것이다. 스테이크 레스토랑도 줄 서서 먹는 집이라 기대에 부풀어 들렀더니 저녁 7:30 오픈인데 15분 전인데도 인기척이 전혀 없다. 이곳도 국경일이라 운영하지 않는 모양이다. 이래저래 허탕, 할 수 없이 알베르게 앞에 있는 맛이 그저 그런 평범한 카페에서 평범한 음식으로 한 끼를 때웠다. 유럽 쪽으로 여행할 때는 휴일을 잘 챙겨봐야 한다. 우리나라처럼 '24시 운영'은 찾기 어렵다.

비를 맞으며 걷다

아침 기온은 18도로 어제 아침보다 더 높다. 비가 온다는 예보가 있어 밖에 나와 봤더니, 비는 아직 오지 않고 바람만 많이 분다. 배낭 제일 밑에 있는 판초 우의도 위쪽으로 꺼내 놓고, 배낭 덮개도 씌우고, 스패치도 착용하고 길을 나선다.

순례길은 시내 중심으로 가지 않고 알베르게가 있는 마을 초입의 좌측으로 나 있다. 중간에 긴 돌계단이 있고 돌계단을 지나도 여전히 오르막이다. 오르막 양편으로도 알베르게와 카페가 많다. 가게나 카페는 순례객이 많이 모이는 곳답게 일찍부터 문을 열고 영업한다. 비가 올 것이라는 걸아는지 비옷도 내놓고 판매하는 곳이 있다. 이곳은 장사에 진심인 사람이 많은 곳인가 보다. 오르막 끝에 SARRIA라고 커다란 조형물이 있어, 기념사진을 찍었다.

2.2km지점에 성당이 있다. 길은 성당에서 왼쪽으로 꺾어지는데, 대부분 노란 화살표를 놓치고 성당 옆을 지나 한참을 가다 돌아온다. 새벽이라 어두워 카미노를 나타내는 노란 화살표가 안 보인 탓이다. 왼쪽으로 난 골목길로 접어들어 작은 돌다리를 지나면 길이 두 갈래다. 직진 방향으로 숲길을 따라 걸으면 된다. 숲길은 짧지만, 경사가 가팔라 힘들다. 힘겹게 올라가면 들판에서 부는 바람이 땀을 모두 훑어간다.

갑자기 바람이 강하게 분다. 습한 걸 보니, 비를 품은 바람이다. 하늘에는 구름이 빠르게 움직인다. 곧 비가 올 모양이다. 이 코스에는 카페가 중간에 여럿 있어서 무리하지 말고 자주 쉬면서 가는 것이 좋다. 길의 후반부에는 커피와 음료수, 간식 자판기가 있는 무인카페도 있다. 토굴처럼 생긴 곳에 자판기와 나무 의자가 있어 더위나 비를 피해 잠시 쉬어 가도 된다.

8km, 두 시간 반을 걸은 뒤에 드디어 비가 내린다. 보슬보슬 내리는 비가 아니라 강한 바람과 함께 몰아치는 비다. 갈리시아 지방에는 이렇게 비가 자주 온다는데 오늘에야 제대로 된 비를 만났다. 판초 우의를 입어도 얼굴에 내리치는 비는 피하기가 어렵다. 고개를 푹 숙이고 땅을 보고 걷는다. 다행히 비의 양이 많지 않다. 코스가 끝날 때까지 비가 오락가락해서 판초 우의를 입었다 벗었다 한다.

두 번째 어설픈 기도

길을 걸으며 만나는 이들 중에 놀라운 사람이 있다. 몸이 불편한 사람이다. 오래 걸어 불편해 보이는 사람도 있지만 원래 몸이 불편한 사람도 순례길에서 자주 본다. 산에서 내려오는 중에 왼쪽으로 넘어질 듯 걷는 노인분이 있어 넘어질까 봐 배낭을 받쳤더니 괜찮다고 오히려 살짝 불쾌한 표정을 짓는다. 혼자 충분히 걸을 수 있는데 왜 이러는 거야 하는 듯. 그분은 그나마 아내와 동행이라 걱정이 덜했는데, 오른쪽으로 기울어 걷는 분은 내내 혼자다. 저런 몸으로 배낭을 메고 콤포스텔라까지 걷는다는 게 가능할까? 이분들은 아마도 몸의 한쪽에 마비가 있는 듯한데, 배낭까지 메고 순례를 한다는 것이 놀랍고 존경스러우면서 한편으로는 걱정이 된다.

앞을 못보는 순례자도 있다. 남녀가 함께 걷는 걸 처음 보았을 때는 부부인가 했는데, 도중에 여러 커플이 보이는 걸로 봐서는 어떤 단체에서 온 듯했다. 길에서 우연히 얘기를 나눌 기회가 있었다. 어제와는 다른 사람과 걷고 있기에 어찌 된 영문인지 물었다. 총 여섯 커플이 왔고, 안내자와 시각장애인 파트너를 매일 바꿔가며 순례를 한다고 한다. 카카벨로스에서 출발했으니 7일 정도 소요되는 일정이다. 시각장애인과 가이드 파트너는 30cm 정도의 가느다란 링을 서로 잡고 걷는다.

"두 분 모두 존경스러워요. 몸이 불편하지 않은 사람이 혼자 걸어도 쉽지 않은 길인데 참 대단합니다."

"저는 러너예요. 그래서 걷는 건 별로 힘들지 않아요. 아무 문제없어요. 부엔 카미노~"

두 사람 모두 씩 웃더니 훌쩍 앞서간다. 순례길을 왜 오게 되었는지, 왜 이 길을 걷고자 하는지 물어보지 못했다. 저마다의 이유가 있을 테고, 꼭 특별한 이유가 없을 수도 있다. 길을 걸으며 그 이유를 찾을 수도 있고, 그냥 길이 있기 때문에 왔을 수도 있다. 몸이 불편한 분은 이 길을 걸으며 자신에게 주어진 장애와 불편에 대한 불평을 쏟아낼까? 그러지 않을 것 같다, 저렇게 밝은 모습으로 이 길을 걷는 걸 보면. 아니면 장애와 불편을 없애 달라고 기도하면서 순례를 하는 걸까? 알 수 없다. 저들을 보며 나는 또 어설픈 기도를 한다. 이 길이 치유의 힘을 가졌는지 어떤지는 모르지만, 몸이 불편한 저들에게 작은 기적이 일어났으면 좋겠다고. 아니 저들은 그런 작은 기적조차 바라지 않을 것 같다.

오레오와 너와지붕

갈리시아 지방을 여행하다 보면 작은 집 모양의 구조물을
자주 보게 된다. 돌, 벽돌, 나무 등으로 만든 것으로 거의
집마다 있는데, 옥수수 등 곡식을 보관하는 창고로 **오레오**
(Horreo)라고 한다. 쥐를 피하고 통풍이 잘 되도록 땅에서

약간 높게 만들어진 것이 특징이다. 언뜻 봐서는 옛 건물의 일부가 아닌가 싶은데 자세히 보면 틈새로 옥수수 등 곡식이 보인다. 크기도 제각각이다.

이 지방은 얇은 퇴적암을 쌓아 돌담과 벽을 만든 집이 많다. 지붕을 보면 우리의 너와집과 비슷하다. 너와집은 기와 대신 참나무 껍질 등으로 만든 너와로 지붕을 이은 한국의 전통 집이다. 옛날 화전민이 사용했던 집으로, 맑은 날은 지붕 재료가 수축하여 통풍이 잘 되고, 비 오는 날은 습기를 빨아들여 빗물이 새는 것을 막는다. 지금은 거의 보기가 힘들다.

갈리시아 지방에 있는 집은 너와집과 비슷하게 지붕을 얹었다. 자세히 보니 나무가 아니라 돌이다. 담장을 쌓은 것보다 더 얇고 납작한 돌을 겹치게 이은 너와지붕이다. 북대서양에서 불어오는 거센 바람과 한겨울 눈보라를 이겨내는 이곳 사람들의 지혜의 산물이다.

포르토마린이 보이는 언덕은 제주도의 밭담을 닮았다. 돌담을 낮게 쌓은 모습이 그렇다. 그래서일까? 비가 오는 지금 이곳의 풍경이 정겹다. 이역만리 이곳에 사는 사람도 우리 사는 모습과 크게 다르지 않다는 사실에 마음이 편안해진다. 사람은 자연과 더불어 살고, 자연을 닮아간다. 자연을 닮은 사람은 사는 모습도 서로 비슷하다.

포르토마린으로 들어가려면 미뉴강(Rio Mino)에 놓인 다리를 건너가야 한다. 다리 아래에는 오래된 건물 잔해가 낮은 강물 위로 모습을 드러낸 채 이 길의 역사를 증언한다. 다리를 건너면 길 끝 로터리에 돌계단이 있다. 이 계단은 2세기 로마인이 만들었던 원래의 다리에서 유일하게 남은 부분인데 댐이 건설되면서 이곳으로 옮겨져 포르토마린의 상징이 된 것이다. 계단을 오르면 아담한 **니에베서 성모 경당**(Capela das Neves)이 있다. 뒤돌아 강을 내려다보며 한참이나서 있었다.

오늘 숙소는 마을 초입에서 제법 멀다. 다리도 아프고 배도 고파 오는데, 다행히 시에스타 시간에도 잠들지 않은 레스토랑을 발견. 바게트에 토마토소스를 얹은 '빤 꼰 토마테' 맛도 일품이고, 스페인식 감자 완스 맛도 그만이다. 맥주를 부르는 맛이다. 긴 하루가 커다란 맥주잔에 스르르 잠겨간다.

제35화

———

젖은 숲의 명령

걷기 10일 차(30일 차)
Portomarin ~ 팔라스 데 레이(Palas de Rei)
26.86km / 7시간 29분
숙소 : Albergue Zendoira(€45, 2인실)

젖은 숲의 명령

늦잠을 자고 늦은 출발, 8:30.

알베르게를 나와 성 요한 성당이 있는 광장 앞으로 간다. 벌써 사람이 많이 모여 있다. 미국인 단체 순례자도 있고, 동남아 사람도 더러 보인다. 어제 출발한 사리아부터 순례를 시작하는 순례자가 많기 때문이다.

성당 아래로 길을 따라 쭉 내려간다. 포르토마린에서 나가는 길은 들어올 때 건넌 다리가 아닌 좀 더 북쪽에 있는 작은 다리를 건넌다. 다리를 건너면 우측으로 돌아 작은 길로 접어든다. 이곳에서 **곤사르(Gonzar)**까지는 8km가 조금 넘는데 중간에 카페가 없기 때문에 포르토마린을 빠져나가기 전에 아침식사를 해결하든지 아니면 두 시간 이상을 걸어간 다음에야 식사가 가능하다.

길을 돌아서면 바로 숲길이다. 비에 젖은 숲에서 눅눅한 습기와 함께 낮게 내려앉은 숲의 향기가 밀려온다. 아침의 찬 공기 속에 깊이 배어 있는 숲의 짙은 향기는 몸속으로 파고들며 긴 행군 채비를 하라고 신경을 자극한다. 신경의 명령에 따라 팔과 다리의 근육이 곤두선다. 허리도 반짝 긴장

한다. 배낭을 다시 추켜세우며 발과 무릎에 힘을 주어 땅을 힘차게 밟아 앞으로 나아간다.

배낭의 무게에 대한 쓸데없는 생각

순례를 먼저 다녀온 사람들에 의하면 배낭의 무게는 자기 몸무게의 10% 정도가 적당하다고 한다. 배낭에 7~8kg 정도까지 들어갈 것이 뭐가 있나 싶겠지만 짐을 싸다 보면 그 정도 무게는 금방 넘어가기 일쑤다. 순례를 시작하면 물과 간식까지 넣어서 무게가 더 나간다. 평소에 그 정도의 무게를 지고 트레킹이나 산행을 하지 않은 사람에게는 순례길에서 배낭은 꼭 필요한 존재이면서 또한 큰 부담이다.

배낭에는 무엇이 들어 있을까? 속옷, 양말, 등산복 여벌, 가벼운 일상복 겸 잠옷 한 벌, 슬리퍼, 손수건, 장갑, 플래시, 보조배터리, 침낭과 판초 우의, 세면도구와 로션, 비상약, 글을 쓸 자판기와 수첩. 걷다가 힘들어지면 무엇 하나라도 덜어내고 싶지만 막상 버릴 게 없다. 오히려 물통에 물을 채우고, 사과 한 알과 빵 한 쪽을 더 챙겨 넣는다. 배낭의 무게는 결국 나의 필요와 욕심의 무게만큼 조금씩 늘어나기만 할 뿐, 좀체 줄어들지 않는다. 집에도 필요하지 않은 물건이 얼마나 많은가. 몇 년간 단 한번도 사용하지 않은 것들에 대한 미련을 좀체 버리지 못하고 끌어안고 산다.

다행히도 어느 정도 시간이 지나면 무거운 배낭의 무게도 몸이 서서히 받아들인다. 무게감을 덜 느끼게 되는 시점이 오고, 그런 시간이 지나면 거의 무게감을 느끼지 못하는 무아지경에 이른다. 몸은 너무 힘이 들면 이겨내려고 하기보다 받아들이는 편을 택한다. 엄청난 삶의 고통과 괴로움이 짓눌러 오면 벗어나려 애쓰다가 어느덧 받아들이고 견디며 사는 우리 삶처럼. 나에게 주어진 숙명으로 받아들이면 무거운 짐도 어쩌면 지고 갈 수 있겠다는 생각이 든다. 그것이 자기 합리화면 어떻고 어리석은 숙명론이면 또 어떤가.

너무 힘이 들면 이렇게 쓸데없는 생각에 종종 빠진다.

일주일 동안 순례하는 고등학생들

저만치 카페가 보인다. 8.6km를 걸어와서 처음 만나는 카페(Hosteria de Gonzar)다. 사람이 너무 많아 바깥 빈 테이블은 찾기가 힘들다. 안쪽에는 자리가 있다. 주문하는 줄이 길어 20분 정도 기다려야 할 정도다. 최근에 지어서인지 한적한 순례길 중간에 있는 카페치고는 건물이 크고 깨끗하다. 커피, 오렌지 주스, 빵 맛도 일품이다.

11~12km 오르막길을 올라 고개를 넘어 다시 도로 옆으로 난 길을 따라 걷는다. 고등학생 백여 명이 단체로 순례에 나섰다. 오늘이 토요일인데 체험학습을 나왔을까 의아해했는데, 점심 먹는 애들을 다시 만나 얘기를 나눴다. 가톨릭계 고등학교에 다니는 학생이고 하루만 체험학습을 나온 게 아니라 일주일 동안 걸어 산티아고 데 콤포스텔라까지 간다고 한다. 작은 배낭 하나씩을 메고 다들 즐겁고 신난 표정이다. 지난해 여름에는 자전거로 순례하는 학생들을 여러 번 본 적이 있다.

우리나라 고등학생을 데리고 일주일 동안 걷기를 할 수 있다면 얼마나 좋을까? 아이들이 잠시 손에서 책을 놓고 온전히 몸이 말하는 소리에 귀를 기울이는 시간을 가질 수 있다면 얼마나 행복할까? 학교가 아이들을 위해 그런 계획을 세우고 추진할 수 있는 날이 올까? 제주 올레길을 걷고, 운탄고도 1330을 걷는 우리 아이들을 상상만 해도 기분이 좋아진다.

백숙과 포도주

13km 지나 **벤타스 데 나론**(Ventas de Naron)의 숲길을 따라 산을 넘으면 **라메이로스**(Lameiros)다. 라메이로스와 다음 마을인 **리곤데**(Ligonde) 사이에 17세기 **라메이로스 십자가**가 있다. 흔히 보이는 십자가 상인데 사람들이 모여 사진을 찍는다. 나중에 찾아보니 십자가상에 여러 가지 이야기가 서려 있다.

오늘 순례길 중간에 만나는 마을 대부분에 카페가 있어 쉬엄쉬엄 쉬어 가기 좋다. 한 시간 정도 걷다가 조금 쉬어 가고 또 걷다가 쉬어 가며 무리하지 않는 것이 지혜다. 리곤데 마을에서 치즈를 하나 샀다. 어느 주택의 창문에서 아주머니 한 분이 치즈를 사라고 부른다. 두부만 한 크기의 리코타 치즈 하나에 €3. 맛을 보니 담백하다. 야채 샐러드를 해 먹으면 맛나겠다.

맛있는 치즈로 맛난 저녁을 해 먹을 생각하니 힘이 난다. 어느덧 팔라스 데 레이에 도착한다. 알베르게 근처에 큰 슈퍼마켓이 있다. 숙소에 부엌이 있고, 근처에 슈퍼마켓이 있으면 저녁식사는 직접 해 먹는 게 좋다. 닭다리 두 개, 양파 한 알과 야채를 조금 사고, 남은 쌀을 넣어 백숙을 해 먹었다. 전날 먹다 남은 포도주 한잔을 곁들이니 이만한 성찬이 따로 없다.

아, 이 알베르게에 순례하는 고등학생 50명이 들어왔다. 이 녀석들은 피곤하지도 않은지 늦은 저녁까지 떠들썩하게 논다. 그래도 다 용서가 된다.

제36화

숲과 인간의 숨, 생명의 환희

\# 걷기 11일 차(31일 차)
\# Palas de Rei ~ 아르수아(Arzua)
\# 29.74km / 8시간 28분
\# 숙소 : Los Tres Abetos Hostel(€16, 8인실)

숲과 인간의 숨

오늘은 일요일이다. 어제 비가 내려 아침 공기가 더 선선하다. 마을 중심에서 안내 표지판을 따라 내려오면 길가에 카페가 몇 군데 영업 중이다. 여기서 아침 식사를 해도 좋고 아니면 4km 정도 가면 **산 술리안(San Xullian)** 마을에 카페가 있다.

마을을 벗어나는 데는 1km 정도인데, 도로 옆에 난 길을 따라 나오다 오른쪽 마을길로 접어든다. 오늘도 비가 예보되어 있어 별도 구름에 가려 어둠이 더 짙다. 길은 짙은 어둠 속에서 플래시 불빛 아래 조금씩 제 살을 드러낼 뿐이다. 혼자라면 또는 목적지를 정하지 않은 길이라면 이 시간에 이 길을 걷고 있을까? 먼저 길을 나선 이의 희미한 빛의 흔들림과 뒤에 따라오는 이의 인기척이 이 깊은 어둠의 두려움을 잠시 잊게 한다.

숲은 말이 없다. 비에 젖은 숲은 더 고요하다. 숲의 온갖 생명도 비에 잔뜩 움츠려 여명을 기다린다. 고요한 숲은 가만히 있는 것 같지만 끊임없이 숨을 내쉰다. 숲이 토해내는 깊은 숨은 숲속을 걷는 순례자에게 다가와 폐까지 산소를 밀어 넣는다. 산소는 혈액의 곳곳에 스며들어 인간의 몸을 한 바퀴 돌고, 돌아나간 숨을 숲은 다시 그 품속으로 깊이 빨아들인다. 숲이 없다면 인간은 살아갈 수 없다. 말 없는 숲이 인간을 숨 쉬게 한다. 숲은 인간에게 생명을 불어넣고 있는 것이다. 인간이 숲속을 거닐며 생명의 환희를 느끼는 건 그 때문이다.

산 술리안의 후손

산 술리안 카미노 마을에 작은 카페가 있다. 젊은이 혼자 카페를 운영하는데 다른 카페와는 다르게 커피나 빵을 주문하면 직접 자리까지 가져다준다. 표정이나 말은 무뚝뚝하기만 한데 몸에는 친절이 배었다. 혹시 산 술리안의 후손일까?

카페 바로 옆에 **산 술리안 성당**(Cruceero de San Xiao)이 있다. 산 술리안(또는 시아오)은 선원, 여관주인, 서커스 단원의 수호성인인데 그에 대한 슬픈 이야기가 전해진다. 술리안은 사슴을 쫓다가 부모를 죽일 것이라는 예언을 받는다. 이 예언이 두려워 고향을 떠나 낯선 곳으로 가서 살고 있었다.

어느 날 술리안의 부모가 그가 사는 곳을 찾아왔는데, 술리안의 아내는 술리안의 부모에게 잠자리를 내어주고 쉬게 한다. 하필이면 그날 집에 돌아온 술리안은 자신의 아내가 다른 남자와 동침하는 줄 알고 부모를 살해하고 만다. 이후 자신의 죄를 뉘우치며 선행을 베풀어 수호성인이 되었다는 이야기다.

이 이야기는 그리스로마 신화의 오이디푸스 이야기와 닮았다. 자신의 아비를 죽이고, 어미와 결혼하게 된다는 신탁을 피하려 했으나, 결국에 신의 예언대로 이루어지고 마는 비극의 주인공 오이디푸스. 두 이야기는 인간에게 주어진 비극적 운명은 피할 수 없다고 말한다. 그러면서도 그 운명만이 끝이 아님도 말해준다. 인간은 주어진 운명을 거역할 수는 없어도 자신의 삶은 스스로의 노력으로 만들어 갈 수 있다는 희망을 남겨 준다.

맥주 한잔과 뽀뽀 한 접시

산 술리안을 지나자, 비가 내리기 시작한다. 8.8km까지

여전히 숲길이다. 잠시 도로 옆으로 나왔다가 다시 숲길로 들어선다. 숲에 내리는 비 소리가 나직이 들려온다. 오늘 내리는 비는 거센 바람에 휩쓸려 오는 비가 아니라 가을 속으로 가만히 내리는 비다. 판초 우의 위에 떨어지는 빗방울 소리도 듣기 좋다. **레보레이로(Leboreiro)**를 지나고 **멜리데(Melide)**까지 쉬지 않고 걷는다.

저 멀리 멜리데 마을이 보인다. 마을 초입에 작은 돌다리가 있고, 다리 너머 마을의 정경이 아름답다. 옅은 붉은색 기와지붕이 비에 젖어 반짝인다. 다리를 건너가도 카페가 보이지 않는다. 산 술리안에서 11km를 쉬지 않고 걸어왔는데 아직 쉴만한 카페가 없다.

1km 정도 들어가자 길 끝에 뽈뽀로 손님을 끄는 아주 큰 **레스토랑**(Pulperia A Garnacha, Melide)이 있다. 맛보기 뽈뽀가 부드럽고 맛있다. 접시 크기가 세 종류인데 제일 작은 접시는 €11, 두 사람이 먹기에 적당하다. 맥주 한잔과 뽈뽀 한 접시면 비 오는 날에 제격이다. 게다가 바게트 빵이 그동안 먹어 본 것 중에 제일 맛있다.

로버트, 요셉 그리고 멕시코 아줌마

같이 걷던 사람들이 멜리데에서 많이 사라졌다. 식당에서 밥을 먹는 사람, 카페에서 쉬는 사람, 쉬지 않고 먼저 떠난 사람 등 한동안 같이 걷던 사람들의 사정과 속도가 제각각이기 때문이다.

시내를 빠져나와 숲길을 걷는데, 외국인이 말을 걸어온다. 미국 필라델피아에서 온 로버트. 한국말 중에 '언통'이라는 말을 안다고 하는데 지역이름인지 음식이름인지 실랑이를 하다가 결국은 그 말이 '안녕'이어서 같이 한참이나 크게 웃었다. 석 달 전에 은퇴한 67세의 솔로. 산티아고 순례길이 그에게는 은퇴 파티(Retire Party)란다. 멋지다.

브라질에서 온 요셉은 매일 개구리 군복을 입고 다녀 눈에 띈다. 레온부터 같이 걸었는데 오늘에서야 통성명을 했는데, 요셉은 영어를 전혀 몰라 '브라질 커피 산토스'까지만 얘기를 나눴다. 혼자 빗속을 힘겹게 걷는 또래 아줌마 까밀라. 멕시코에서 왔다는 그녀는 원래 친구랑 둘이 오기로 계획했는데, 나중에 못 가겠다고 해서 혼자 왔단다. 한국인을 알베르게에서 여러 번 만났는데 다들 요리를 잘해 인상 깊다고 한다. 요리를 한 사람이 남자인지 여자인지 물어보지 않았다. 아마도 남자이지 않았을까?

저 멀리 **리바디소**(Ribadiso)가 보인다. 걸어보니 생각보다 멀다. 마을에 아담한 알베르게가 여럿 있다. 마을에서 목적지 **아르수아**(Arzua)까지는 막바지 힘든 오르막이다.

참, 오늘은 일요일, 휴일 날 문을 연 주유소 옆 슈퍼마켓에서 간단히 장을 보고 알베르게로 들어간다. 산티아고 데 콤포스텔라까지는 이틀밖에 남지 않았다.

제37화

빛의 향기를 머금은 유칼립투스

걷기 12일 차(32일 차)
Arzua ~ 오 페드로우소(O Pedrouzo)
22.8km / 6시간 51분
숙소 : O Trisquel Hostel(€13, 8~20인실)

콤포스텔라를 앞둔 도시, 아르수아

아르수아에서 출발한다. 오늘은 20km 정도로 짧은 코스라 쉬엄쉬엄 가도 7시간이면 충분하다. 알베르게가 도시의 초입에 있어 1km 이상을 걸어야 반대쪽으로 빠져나간다.

이 지역은 로마 점령 이전부터 사람들이 정착하여 살고 있지만, 현재 도시의 인구는 대부분 바스크 출신이다. 이 마을은 많은 순례자가 산티아고 데 콤포스텔라에 도착하기 전 마지막으로 머무는 곳이다. 아르수아에서 콤포스텔라까지는 40km 정도라 하루에 걸어도 되고, 중간에 오 페드로우소에서 하루 더 쉬어 가도 좋다. 이곳은 생장에서 레온을 거쳐 오는 프랑스 길과 북쪽 해안선을 따라 걷는 북쪽 길(Camino del Norte)이 산티아고에 도착하기 전 만나는 곳이다.

밤사이 비가 많이 내렸는지 길이 젖어 있고, 곳곳에 물이 고였다. 아르수아는 제법 큰 도시라 큰 건물이 즐비한 곳인데 카미노 길은 도시 비탈 아래쪽의 축사가 있는 곳이 가까운지 시골 냄새가 강하게 풍긴다.

4km 지점에 아담한 카페가 있다. 숙소에서 아침을 먹지

않고 출발하는 순례자는 이 카페에서 잠시 쉬어 가는 게 좋다. 걸은 지 한 시간, 언덕, 저 멀리 구름 뒤로 해가 떠오른다. 비는 아직 오지 않지만, 오늘도 비가 예보되어 있는 날이라 하늘에 구름이 잔뜩 끼었다. 구름 사이로 붉은빛이 서려 하늘과 구름이 붉게 물든다. 완전히 떠오른 해는 눈이 부셔 눈에 담을 수 없지만, 제 모습을 다 드러내지 않은 해는 눈이 아니라 가슴에 와 닿는다.

모든 생명의 근원

태양은 스스로 빛을 낸다. 태양처럼 스스로 빛을 내는 별을 항성이라 부른다. 빛은 그 자체로 에너지이면서 물질 변화 활동의 결과물이다. 태양 속에서 1초 동안 6억 5700만 톤의 수소가 합쳐져 6억 5300만 톤의 헬륨이 생성된다. 1500만 도의 초고온 상태에서 가벼운 수소가 융합해 무거운 헬륨으로 바뀌는 과정에서 에너지가 방출되는데 이것이 바로 핵융합에너지, 우리 지구 생명의 원천인 태양에너지다.

식물은 태양에너지와 이산화탄소, 물을 이용하여 포도당

과 산소를 만드는 광합성을 한다. 광합성을 통해 만들어진 산소 덕분에 인간을 비롯한 동물이 살아갈 수 있다. 석유, 석탄, 천연가스와 같은 화석연료에도 수백만 년 동안 모인 태양에너지가 화학적으로 저장되어 에너지원으로 사용할 수 있는 것이다. 우리는 이런 화석연료를 태워 열에너지로 바꾸고, 열에너지를 다시 전기에너지로 바꾸어 편리하게 사용한다. 우리 생활의 모든 에너지가 결국에는 매일 뜨는 저 태양에서 오는 것이다.

마거릿 미첼의 원작 영화 〈바람과 함께 사라지다〉에서 스칼렛은 늘 절망에 빠지지만, 절망적인 일에 맞닥뜨렸을 때마다 '내일은 내일의 태양이 뜰 것이다'라고 말하며 희망을 노래한다. 태양은 우리가 사용하는 에너지뿐만 아니라 인간의 마음에 희망이라는 씨앗도 함께 심어주는 모양이다.

태양이 이 지구 생명의 근원이라는 과학적인 사실을 알지 못하더라도, 우리는 매일 솟아오르는 해를 바라보는 것만으로도 가슴이 벅차오른다. 우리 몸속 60조 개의 세포 하나하나에 그 빛이 닿기 때문이다. 세포에 닿은 빛은 우리 몸속의 생명 장치를 가동하여 숨 쉬고, 움직이고, 걷게 한다.

3시간 반을 걸어 13km 지점을 지나자, 비가 부슬부슬 내리기 시작한다. 사흘째 비가 오락가락한다. 숲길은 비에 젖어 질퍽거리고, 곳곳에 물이 고여 걷기가 조심스럽다. 정오가 다 되어 가는 시각인데도 비 때문에 기온은 높지 않아 시원하다.

유칼립투스 향이 가득한 숲

뒤쪽에서 누군가가 찬송가를 부르는지 노랫소리가 들린다. 음의 높낮이가 크지 않게 나지막이 부르는 소리가 마치 성당 안에서 울려 퍼지는 듯 들려온다. 습기를 잔뜩 머금은 공기가 소리를 가두고 튕겨내어 소리의 울림을 낮고 크게 그리고 멀리 보내는 마법을 부린다. 젖은 숲속에 울려 퍼지는 낯선 찬송가는 가슴 깊이 조용히 내려 앉는다. 뒤를 돌아보니 중년의 미국인 부부다. 미소로 서로의 마음을 전한다.

오늘 걷는 숲길에는 유칼립투스 나무가 유독 많은데, 비 때문인지 유칼립투스 나무에서 퍼져오는 허브향이 콧속을 가득 채운다. 갈리시아로 넘어온 이후로는 밤나무와 상수리나무가 많고, 팔라스 데 레이부터는 유칼립투스가 많다. 나뭇잎을 하나 주워 향을 맡아도 의외로 향이 강하지 않아 고개를 갸우뚱거리고 있는데, 뒤따라오던 누군가가 잎을 손으로 으깨어 향을 맡아보라고 내민다. 향이 굉장히 진하다. 향이 많은 유칼립투스 잎은 주로 허브차나 에센셜오일을 만드는 데 쓰이며, 목재는 건축재나 가구재로 쓰인다고 한다.

유칼립투스는 오스트레일리아에만 자생하는 줄 알고 있었는데, 원종과는 다른 종이 유럽으로 건너와 많이 자란다. 특히 지중해성 기후와 열대기후에서 잘 자라, 대서양이 가까운 이곳에 식재가 많이 된 모양이다. 아이러니하게도 원산지인 오스트레일리아에서는 멸종 위기 종이라고 한다. 유칼립투스(Eucalyptus)는 그리스어로 '덮여 있다', 혹은 '둘러싸여 있다'는 뜻으로, 꽃받침이 꽃의 내부를 둘러싸고 있기 때문에 붙은 이름이다. 오늘 걷는 이 숲도 유칼립투스 향으로 둘러싸여 있어 걷는 이에게 생기를 불어넣는다.

아르수아에서 오 페드로우소로 가는 길은 거리도 길지 않고, 길도 완만해서 걷기에 편하다. 걷는 길 중간에 있는 작은 마을에도 카페가 있다. 내일이 드디어 800km의 산티아고 순례길 마지막 날이다. 이제 단 '하루' 남았다.

제38화

———

단 하나의 소원

걷기 13일 차(33일 차)
O Pedrouzo ~ 산티아고 데 콤포스텔라
  (Santiago de Compostela)
21.66km / 5시간 21분

잠 못 이루는 밤

아침 7시, 기온은 18도로 어제보다 더 높다. 밤새 창밖으로 바람 소리가 심했는데 아침에도 여전히 바람이 강하게 분다.

드디어 마지막 날이다. 마음이 설레어 잠을 설쳤냐고? 아니다. 빈대가 있는지 밤새 몸이 가려워 잠을 제대로 못 잤다. 반대편 침대의 브라질 친구 요셉과 초저녁 내내 깊은 기침을 해대던 할머니는 잘 자는데, 할머니 침대 건너편 사람도 깨어 새벽까지 핸드폰을 들여다보며 잠을 이루지 못한다. 나처럼 몸이 가려운 건 아닌 듯 보였는데, 설렘 때문일까?

원래 계획은 아침 6시에 출발해 산티아고 데 콤포스텔라에 11:30쯤에 도착, 12:30에 있다는 성당 미사에 참석하려고 했는데, 늦었다. 미사에 참석하려는 순례자가 많아 미리 도착하지 않으면 성당 안에 들어갈 수조차 없다고 한다. 가능한 한 빨리 걸어보고 운에 맡기는 수밖에. 마을 끝에 있는 카페에서 순례길 마지막 아침 식사를 한다.

숲의 경고

3.5km 지점, **오 아메날**(O Amenal) 마을 카페를 지나면 작은 굴다리 아래로 차도를 건너간다. 굴다리를 지나자, 오르막길이 제법 가파르다. 언덕을 완전히 오를 때까지 1.8km나 된다. 플래시를 잠시 꺼보니 깊은 숲에 빛이 완전히 차단되어 말 그대로 칠흑 같은 어둠이다. 숲이 울부짖는 소리만 어둠 속을 휘젓고 다닌다. 오늘 숲은 무척이나 요란하다. 진한 향기를 은은히 뿜어내며 말없이 서 있던 유칼립투스도 오늘은 전혀 다른 모습이다. 마을 뒷산의 대나무 숲이 바람 소리를 쏟아내는 마냥 심하게 흔들리며 쏴쏴 소리를 내지른다. 온 숲이 야단이다. 30일 이상을 걸어 마침내 최종 목적지인 산티아고 데 콤포스텔라를 바로 앞에 둔 나에게 무슨 말이라도 하는 것처럼. 조용조용하게 속삭이듯 말하지 않고 큰소리를 낸다. 마치 경고라도 하듯이 내지른다.

"서두르지 마라, 마지막까지 조심하라. 그리고 이 길의 끝에 서더라도 자만하지 마라."

언덕을 다 올라오니 저 멀리 어둠을 밝히는 수많은 불빛의 군상이 보인다. 최종 목적지인 산티아고 데 콤포스텔라다. 이곳 언덕과 산티아고 도시 사이에 작은 공항(Aeropuer-to de Santiago)이 있다. 마침 비행기 한 대가 막 이륙한다. 아마도 비행기 안에는 순례를 마치고 각자 왔던 곳으로 돌아가는 순례자가 가득하리라. 그들은 순례를 마치고 이곳을 떠나며 순례의 첫발을 디디는 순간 가지고 있던 삶의 고통과 번뇌를 이 길 위에 다 내려놓고 떠나는 걸까? 짐을 내려놓은 그 빈 곳에 위로와 안도, 설렘과 희망을 채웠을까? 아니면 또 다른 길을 위한 새로운 도전을 꿈꾸고 있을까?

기쁨의 언덕

10km 거리에 있는 **라바코야**(Lavacolla)는 순례자가 깨끗한 모습으로 산티아고 데 콤포스텔라로 들어가기 전, 쌓인 먼지를 냇가에서 깨끗이 씻었다고 전해지는 곳이다. 그런 순례자가 간혹 있을지 모르지만, 오늘은 비까지 오고 있으니 냇가에 발을 담그는 이는 찾아볼 수 없다.

네이로(Neiro) 근처까지 세 시간이 걸렸다. 빨리 가겠다고 아침 식사 후에는 한 번도 쉬지 않아 조금 지친다. 마침 길가에 근사한 카페(Casa de Amencio)가 있어 잠시 쉬기로 한다. 다른 곳에서는 거의 보지 못했던 카스테라가 굉장히 부드럽고 맛있다. 특이하게도 카스테라를 투박한 돌 접시에 담아내어 준다.

쉬고 나서 걸음이 더 빨라진다. 마지막이라는 생각, 미사에 참여하고 싶다는 생각이 앞서 어느새 숲의 경고를 잊고 서두른다. 산티아고 데 콤포스텔라의 서쪽에 자리 잡은 작은 언덕인 **몬테 델 고소**(Monte del Gozo)까지 뛰다시피 빠른 걸음으로 도착한다. 몬테 델 고소는 '기쁨의 산'이라는 뜻이다. 순례의 끝에 거의 다다랐으니 그 기쁨이 오죽하겠는가. 순례자들이 저 멀리 보이는 콤포스텔라를 확인하고 기쁨을 만끽하던 언덕이라 붙여진 이름이다.

아, 산티아고

도심을 지나 드디어 성당이 보인다. 산티아고 데 콤포스텔라 대성당(Catedral de Santiago de compostela)의 역사는 곧 도시의 역사다. 이 도시의 기원이 산티아고 성인의 무덤이 발견된 것으로 시작되기 때문이다. 813년에 리브레돈 언덕의 고대 로마 유적지 근처에서 신비한 빛이 발견되었다. 이 소식이 주교에게 보고되었고, 주교의 명령에 따라 이 지역을 조사하다 세 구의 시신을 발견한다. 세 구의 시신은 성 야고보, 그의 제자 테오도르와 아타나시우스로 추정되었다. 이후 알폰소 2세의 명에 따라 893년 이 성당이 축성되면서 사람들이 정착하게 된다.

성당 뒤에서 오른쪽으로 돌아 마침내 대성당의 광장으로 들어선다. 벌써 많은 사람이 광장에 모여 순례 완주의 기쁨을 만끽하고 있다. 가만히 서서 눈물을 흘리는 사람, 동행자를 끌어안고 감격에 겨워하는 사람, 배낭을 베고 바닥에 누워 대성당의 웅장한 모습을 올려다보는 사람, 기념사진을 찍고 찍어주고, 완주를 축하하는 이들로 가득 찼다.

그토록 바라고 바라던 곳에 섰는데, 눈물이 나지 않는다. 그동안 상상했던 뜨거운 감격이 선뜻 오지 않는다. 순례를 마치고 바로 이곳, 성당 앞 광장에 서면 뜨거운 눈물이 쏟아질 줄 알았는데, 막상 이곳에 서고 보니 오히려 무덤덤하다. 33일간의 여정을 함께한 아내를 안으며 병을 이겨내고 이 길을 끝까지 함께 해 줘 고맙다고, 그리고 고생했다고 등을 토닥이다 갑자기 눈물이 핑 돈다. 그 짧은 순간에 33일간의 시간이 주마등처럼 스쳐 지나간다.

'드디어 마쳤구나. 몇 해 전부터 꿈꾸어 오던 일, 불가능할 것만 같았던 순례가 오늘에야 끝났구나.'

순례자 안내소에서 순례 완주증명서를 만들고 다시 대성당을 배경으로 인증 사진을 찍는다. 마치 남는 것은 증명서와 사진뿐이라는 듯. 뭔지 모를 허전함과 얼떨떨한 기분에 광장 한가운데에 한참이나 서 있다. 마음을 추스르고 다음 목적지인 **피스테라**(Fisterra)로 가기 위해 성당 뒤쪽으로 돌아 나간다. 올 때는 닫혀 있던 성당의 옆문이 열려 있고, 사람들이 길게 줄을 서 있다. 성당 안으로 들어가 성상을 만나러 가는 줄이다. 정해진 시간에만 들어갈 수 있다는데, 얼떨결에 줄을 서서 따라 들어간다. 모두들 제단 뒤쪽으로 난 좁은 계단을 올라가 성상 뒤에 서서, 성상의 어깨나 머리에 손을 얹고 잠시 기도를 하느라 시간이 오래 걸린다. 마침내 내 차례다. 성상의 어깨에 양손을 올리고 잠시 기도한다.

'무사히 이 길을 걸을 수 있게 해 주셔서 감사합니다. 그리고 가족 모두 건강하기를 소망합니다.'

그 짧은 시간에 내가 생각했던 소원은 단지 그것뿐이었다.

기도를 마치고 성당을 나오니, 들어갈 때보다 더 굵어진 비가 세차게 내린다.

에필로그

또 다른 시작, 피스테라

피스테라로 가는 길

산티아고 순례를 마치고 '스페인의 땅끝'이라는 피스테라로 갔다. 피스테라는 렌트한 차량으로 이동하고, 더 남쪽의 폰테베드라(Pontevedra)도 가볼 작정이었는데, 렌트를 하지 못했다. 차량 대여를 위해서는 여권, 국제 운전면허증과 국내 운전면허증이 필요한데, 국내 운전면허증이 없어 불가. 직원에게 모바일 면허증을 보여줘도 소용이 없다. 2004년 체코 프라하에서는 여권만 보여주고도 차량을 렌트했었는데, 여기 직원은 무조건 NO!라고만 한다.

할 수 없이 **버스(Monbus)**를 이용해서 피스테라로 갔다. 시간이 맞지 않아 3시간 반이나 소요되는 완행을 탔다. 해

안도로를 따라 마을과 마을을 돌고 돌아 밤 9시를 지나 피스테라에 도착했다. 몬버스는 차량 2대를 이어 붙여 길다. 버스 정류장이 아닌 곳인데도 기사에게 말하면 친절하게도 다 내려준다.

학생, 노동자, 약간 술에 취한 듯 횡설수설하는 이, 산티아고에 다녀오는 노인들, 몸이 불편해서 타고 내리는 데 한참 걸리는 이에게도 말을 걸어주고 친절히 대하는 버스기사가 참 인상적이었다. 마약이라도 한 듯 단 5초도 가만히 있지 못하는 약간 불량해 보이는 청년은 기사에게 핸드폰 충전을 해달라 하고, 귀찮게 말을 자주 걸고, 문 옆에 앉아 한참이나 시끄럽게 전화 통화를 하고, 가는 도중에 버스비를 3번이나 더 결제하고서 씨(Cee)에서 내렸다. 보는 나는 불안하고 짜증스러운데도 기사는 전혀 내색하지 않고 다 받아준다. 성 야고보 같은 버스기사다.

버스 정류장에서 숙소까지는 300m 정도라 체크인하고 허기를 채우러 밖으로 나왔다. 근처 카페에서 치킨윙, 오징어 튀김과 맥주 한잔으로 길고 긴 하루를 마무리했다.

에필로그

스페인의 서쪽 끝, 피니스테레 곶

조식 제공이 되는 호텔이라 느긋하게 일어나 1층 로비 옆에 붙은 조그마한 식당에 갔더니 참 행복한 아침 식사가 기다리고 있다. 할머니의 친절한 말과 행동, 깔끔함으로 봐서는 직원이 아니라 젊은 주인아저씨의 어머니임이 틀림없다. 토스트, 바게트, 과일, 오렌지 주스, 각종 잼과 버터, 차와 커피까지, 소박하지만 정갈한 아침상이다. 이 호텔의 아침 식사가 너무 맘에 들어 하루 더 묵었다.

피스테라는 인구 4천 명 정도의 작은 바닷가 마을이다. 산티아고 데 콤포스텔라에서 90km가 조금 넘는 거리라 4~5일 정도를 더 걸어 이곳까지 순례를 이어오는 사람도 많다. 스페인의 서쪽 끝, 대서양을 마주하는 **피니스테레 곶 (Cape Finisterre)**에 '0km' 표지석이 있는데, 순례자 요한이 이곳까지 왔다는 설이 있다.

피스테라(Fisterra)라는 이름은 '땅의 끝 또는 지구의 끝'을 의미하는 라틴어 FINIS TERRAE에서 유래한다. 이 이름은 이 지역이 스페인의 가장 서쪽 지점 중 하나인 외딴 반도에 있기 때문에 붙여졌다. 이곳이 이베리아반도의 가장 서쪽이라지만, 지도상으로는 포르투갈의 카보 다 로카(호카 곶 Cabo da Roca)가 서쪽으로 16.5km 더 나와 있다. 호카 곶은 유럽의 땅끝, 피니스테레 곶은 스페인의 땅끝이다.

끝은 새로운 시작

아침 식사 후에 바닷가로 내려가 항구 주변을 둘러보고 피니스테레 곶으로 걸었다. 오른쪽으로는 차도가 있고 왼쪽 아래로는 대서양을 접한 해안이다. 도중에 산토 크리스토 예배당이 있는 **산타 마리아 데 피스테라**(Santa María de Fisterra) 교구 교회가 있다. 많이 알려진 곳인지 단체 관광객이 많다. 조금 더 올라가면 순례자 기념 동상이 있는데, 바람을 맞서며 앞으로 나아가는 순례자의 모습이 산 로케 언덕의 순례자상의 축소판이다.

2.5km 정도 가면 절벽 큰 바위 위에 세워진 돌십자가상이 있다. 다들 바위에 올라 십자가상 옆에서 기념사진을 찍는다. 거기서 몇백 미터 전방에 등대가 있는데, 대서양이 내려다보이는 끝자락에 있는 **피니스테레 곶 등대**(Faro de Fisterra)다. 등대 뒤쪽 바위 위에 작은 돌십자가상이 있고, 누가 어떤 이유로 만들어 놓았는지 등산화 한 짝이 돌로 만들어져 놓여 있다. 바람이 얼마나 거세던지 몸이 날릴 정도라 돌로 만들어도 단단히 붙여 놓지 않으면 날아가 버렸을 듯하다.

이곳은 포르투갈의 호카 곶과는 느낌이 다르다. 호카 곶은 끝없이 펼쳐진 대서양만 보이는데, 이곳은 약간 왼쪽으로 반도의 끝자락이 바다를 가로막고 있어 탁 트인 느낌이 덜하다. 대신 등대 앞을 지나 반대쪽 능선으로 가면 북대서양의 광활함을 만끽할 수 있다.

등대 주변에는 산티아고에서 관광버스로 이동한 순례자들, 단체 관광으로 온 학생들과 여러 나라 사람들로 북적인다. 왜 사람들은 이곳 반도의 끝, 땅끝을 찾아올까? 무언가를 끝내었다는 맺음의 징표를 얻고 싶어서일까? 인간의 삶과 생명이 유한하다는 것을 이곳에서 직접 느끼고 싶어서일까? 아니면 끝은 끝이 아니라 또 다른 시작임을 알기 때문일까?

오랫동안 꿈꿔 왔던 스페인 산티아고 순례, 벅찬 감격보다는 허전함과 아쉬움이 더 큰 순례의 끝. 그 끝은 또 하나의 시작임을 이곳 땅끝, 피스테라의 바다를 바라보며 되새긴다. 어느새 바다 위에 어둠이 내렸다. 어둠은 언제나 새벽을 예비한다. 어둠이 깊다는 것은 새벽이 멀지 않았다는 뜻이다. 비에 젖은 작은 항구의 평화가 바다 위에 가득했다.

2023년 8월 피스테라 항구에서

산티아고 순례길,
무엇을 준비해야 하나요?

1차 순례는 여름(7~8월), 2차 순례는 가을(10월)에 다녀왔는데, 두 계절을 모두 생각해서 정리한 내용이다.

1. 신발

신발은 **가벼운 경등산화**(미들컷)가 좋다. 발목이 있는 가볍고 바닥 부분이 두꺼운 것을 권한다. 여름에는 운동화나 트레킹화를 신고 다니는 사람도 많은데, 코스 중에 산길과 돌이 많은 비포장도로가 많아 트레킹화보다는 경등산화가 좋다. 요즘은 경등산화도 가볍게 제작하기 때문에 신발의 무게 때문에 피할 이유는 없다.

비가 많이 오는 계절이 아니라면 신발 두 켤레가 필요하지 않다. 대신 알베르게에서 신거나 발에 물집이 생겼을 때 잠시 신을 수 있는 가볍고 부드러운 샌들을 준비한다.

* 1차 순례는 블랙야크 트레킹화를 신고 갔는데 방수나 통풍은 잘 되었으나, 오래 걸으니 발바닥이 자주 아팠고, 발뒤꿈치 쪽에 물집이 생겨 고생함.

2차 순례는 잠발란 경등산화를 신고 갔는데, 후반부의 길고 가파른 산길에 적합함. 물집도 생기지 않고 발바닥 통증도 거의 없었음.

2. 물집 예방

2차 순례에서는 물집이 전혀 생기지 않았다. 물집은 한 번 생기면 잘 낫지 않고, 걸음이 불편해지고, 시간이 지나면 다른 부위에도 물집이 생겨 고생을 많이 한다.

〈물집을 예방하려면〉

1) 발목 부분이 있는 경등산화를 신는다.

2) 등산 양말을 신고도 발가락 부분 공간에 여유가 있는
   정도의 사이즈가 좋다.

3) 평소 물집이 잘 생기는 부위에 스포츠 테이프를 바른다.

4) 발바닥 통증과 물집은 땀으로 인한 마찰이 주원인이므
   로, 1시간 또는 5km 정도마다 쉬면서 신발을 벗어 양말
   을 갈아 신는다. 갈아 신은 양말은 배낭에 달아 말린다.

3. 배낭

배낭은 **40~50L 용량의 가벼운
것**을 선택한다. 가능하면 용량이
조금 여유 있는 걸로 준비해서 중
간에 마트에서 산 물건과 갈아 신
은 신발을 넣을 수 있어야 한다.
간혹 가방 밖에 달고 다니는 사람
도 있는데, 그러면 걷는 데 불편하

다. 배낭에 짐을 모두 넣고 무게를 재었을 때 자기 몸무게의 10% 이내가 적당하다.

작은 가방을 따로 준비한다. 동키 서비스로 배낭을 보낼 때나 숙소에 배낭을 두고 산책하러 나갈 때 필요하다. 여권과 항공권, 핸드폰, 지갑이 들어갈 정도의 허리쌕이 있으면 편리하다.

* 오스프리 캐스트럴 남성용 등산 배낭 48L 사용: 배낭에 넣은 짐 무게가 9kg 정도였는데 어깨에 크게 무리가 없었음. 등판이 통풍이 잘되어 좋았고, 여유 공간이 있었음.

4. 등산용 스틱

등산용 스틱을 사용하는 사람과 사용하지 않는 사람이 반반 정도다. 경사가 심한 오르막과 내리막이 있는 곳에서는 유용하나 평지를 걸을 때는 오히려 귀찮다. 사용하려면 평소에 산행이나 트레킹을 할 때 사용해 보고 익숙해지는 준비가 필요하다.

* 순례길 내내 등산 스틱은 사용하지 않았는데, 후반부 가파른 산길

에서는 있으면 좋겠다고 생각함.

5. 침낭

침낭은 꼭 필요. 알베르게 대부분이 일회용 침대 시트를 주고, 청결에도 신경을 많이 써서 베드버그는 별로 걱정을 안 해도 된다. 여름철이라도 초저녁에는 덥지만, 새벽에는 추운 경우가 많으니 가볍고 얇은 침낭은 필수. #베드버그에 물리지 않으려면 알베르게에 비치되어 있는 담요는 절대 사용하면 안 됨.

* 네어처하이크 경량 **침낭**(남성용과 여성용이 있으며, 크기가 다름)을 사용했는데 별로 불편함이 없었음. 여름과 가을에 사용하기에 적당함.

6. 판초 우의

여름이라도 날씨가 오락가락한다. 레온 주를 지나 갈리시아 주로 넘어가면 비가 오는 날이 잦다. 이른 아침에는 기온이 낮고 비가 오는 날도 있으니 가벼운 것을 준비한다. 추울 때도 꺼내 입으면 보온에 도움이 된다.

* 카르닉 판초 우의: 가격도 저렴하고 휴대하기 좋다.

7. 물통

순례길에서 물통은 필수다. 유럽 쪽의 물은 석회가 많이 섞여 있어 가능하면 생수를 사 먹는 게 좋다. 하지만 필요할 때 생수를 살 곳이 없을 때도 있어서 물통을 따로 준비해서, 숙소에서 출발할 때 가득 채운다. 일반 물통보다는 **정수 기능이 있는 물통**이 요긴하다. 1L는 무거우니 0.6L짜리를 준비해도 충분하다. 걷는 길 중간에 작은 마을이나 쉼터에 물이 있으면 채운다.

* 브리타 정수기 필앤고 액티브 물통 0.6L를 사용했다. 아내한테 잘 샀다고 칭찬 들음.

8. 옷

1) 외투

여름철이라도 비가 오거나 새벽에 출발할 때는 쌀쌀해서 반팔 차림으로는 곤란하다. (외국인들은 반소매에 반바지로도 잘 다니긴 한다.) 여름용 바람막이보다는 **봄가을용 등산 외투**가 필요하다. 더울 때는 벗으면 되지만, 추울 때 입을 것이 없으면 곤란하다.

가을철에는 **얇은 패딩**이 필수다. 아침저녁으로 기온이 낮아 춥다. 비가 오는 날씨에도 꼭 필요하다.

2) 상·하의, 속옷

상·하의는 두 벌 정도 준비한다. 매일 알베르게에서 세탁하고 말리면 한 벌로도 가능하나 건조가 안 될 경우를 대비해 두 벌을 준비한다. 여름용 긴팔 이너도 하나 있으면 팔과 목에 선크림을 바르지 않아도 되고 직사광선을 피할 수 있다. 가을에는 옷이 잘 마르지 않는 경우가 있어 건조기를 사용하는 경우가 잦다.

잘 때나 산책 나갈 때 겸용으로 입을 가벼운 옷 한 벌도 필수. 속옷과 양말도 두 벌이면 충분하다. 양말은 일반 등산용 양말이면 된다.

3) 수건

간혹 수건을 주는 곳이 있기는 하나, 개인이 준비해야 한다. 수건은 1개면 충분하다. **일반 수건보다는 크고 얇고 물기 흡수가 잘 되는 것**을 준비한다. 속옷을 갈아입을 때 몸에 두르고 몸을 가릴 정도의 큰 것이면 좋다. 가림막이 없는 침대에 걸면 가림막 역할도 한다. 손수건은 하나 따로 준비해 바지 주머니에 넣고 다니면 유용하다.

4) 모자

창이 둥글고 바람이 잘 통하는 모자가 좋다. 햇볕이 강하기 때문에 종일 쓰고 다녀야 한다. 바람이 강하게 부는 곳이 많아 끈이 달린 것이 유용하다.

9. 의약품

감기몸살약, 항생제, 물집에 대비한 소독약과 연고, 바늘과 실, 근육통에 바를 (물)파스, 바세린(자기 전에 발에 바르고 마사지하면 피로도 풀리고 물집 예방에 좋음). 너무 많이 챙기면 무게 때문에 고생이니 최소한만 준비한다. 뿌리는 모기 기피제를 가져가면 자기 전에 침대에 뿌리고 자면 빈대 예방에 도움이 된다.

10. 세면도구

물비누 정도가 갖춰져 있는 알베르게가 간혹 있기는 하나 거의 대부분의 숙소에 세면도구나 세제가 없다. 특히 빨래를 매일 해야 하는데, **종이형태 등 일회용 세제**를 가져가면 아주 편리하다. **집게가 달린 캠핑용 빨랫줄**도 여러 가지로 유용하다. **옷핀**이 있으면 덜 마른 수건이나 옷을 배낭에 걸쳐 낮에 걸으면서 말리는 데 잘 쓰인다.

샴푸, 린스 등 이것저것 다 준비하면 짐 무게만 많아진다.

11. 기타

1) 손 선풍기: 알베르게에는 선풍기나 에어컨이 없다. 밤에는 열대야 때문에 자정이 넘어가기 전에는 잠자기도 힘들다. 더위에 약한 분이라면 가벼운 손 선풍기 하나 가져가는 것도 괜찮다.

2) **멀티탭**: 거의 필요가 없다. 침대 쪽에 콘센트가 따로 있는 경우가 많다. 핸드폰 100% 충전으로 하루 이상 가는 최신 휴대폰이면 별도 충전기는 필요 없다.

3) 우산: 있으면 사용하겠지만 없어도 무방하다. 무겁다.

12. 필요한 앱

1) 순례길 정보: 부엔 카미노(Buen Camino) / 카미노 닌자
   (Camino Ninja)

- 스마트 폰에 앱을 설치하고 사용하면 된다. 무료다. 순례
길 코스 안내와 각각 마을에 있는 알베르게에 대한 정보
(평점, 가격, 침대 수, 예약 가능 여부 등)를 알려준다. 연락처로
전화해서 전날, 당일 등 예약할 수 있다.

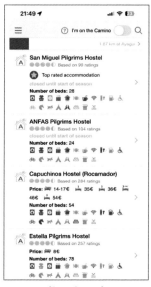

〈Buen Camino〉

〈Camino Ninja〉

Booking.com으로 연결되어 예약을 받는 곳도 있다. 순례자가 많은 시기에는 원하는 알베르게에 자리를 잡으려면, 예약하거나 일찍 도착해야 한다.

2) 프랑스 교통: SNCF Connect

프랑스에서의 기차(TGV 포함) 예매할 때 사용한다. 출발 지점과 도착 지점을 입력하면 운행하는 열차 정보가 뜬다. 파리에서 **생장으로 가는 TGV의 경우는 몇 달 전에 예약**해 둬야 한다.

3) 스페인 철도: renfe.com / iryo.eu

스페인은 철도 시스템이 잘 되어 있다. 인터넷 홈페이지에 접속하면 인터넷 가입 없이 신용카드로 승차권 구매

가 가능하다.

* 새로 생긴 이리오(iryo) 라인은 아직 노선이 다양하지 않은데,
시간이 지나면 확장될 수 있으니 확인하고 이용

4) 거리와 시간 측정: Gamin

하루에 걷는 거리와 소요 시간을 측정하고 사진에 관
련 내용을 넣어 기록하면 나중에 기억을 되살리는 재
미가 있다. Gamin 외에도 스마트폰에 있는 다양한 앱
을 사용하면 된다. 트랭글도 좋은데 데이터 사용이 염
려되어 사용하지 않았다.

13. 와이파이, 데이터 사용

대부분의 알베르게는 와이파이가 된다. 속도는 제각각이
고, 한국만큼 빠른 곳은 없다. 공립 알베르게는 와이파이가
안 되는 곳도 있고, 서비스를 하는 곳이라 하더라도 안 하
는 곳과 마찬가지인 알베르게도 더러 있다. 그럴 경우에는
주위의 카페에 가서 이용한다. 맥주나 음료수 한잔 주문하
고 몇 시간 앉아 있을 수 있다. 위에서 소개한 산티아고 앱

(부엔 카미노, 카미노 닌자)으로 숙소 정보를 보면 와이파이 제공 여부를 알 수 있다.

데이터 사용은 현지 유심칩을 이용하거나 한국 통신사 데이터를 구입해서 사용한다. 현지 유심을 사용하는 경우, 전화번호가 달라져 한국에서 급한 연락을 받을 수 없다는 단점이 있다. 가격은 통신사마다 다르긴 하지만 대략, 6GB 기준으로 €15~20(20,000~37,000원) 정도다. KT통신사의 경우, 7GB(66,000원, 30일), 5GB(44,000원), 2GB(33,000원) 서비스를 이용할 수 있다. 3명까지 데이터 공유가 가능해 동행하는 사람이 있는 경우에 좋다.

최신 휴대전화라면 e-sim을 이용하는 것이 더 저렴하다. 30일 10G(34,000원)를 구입하면 알베르게의 느린 와이파이는 사용하지 않아도 될 듯하다.

14. 동키 서비스

배낭을 다음 숙소로 옮겨주는 동키 서비스 요금도 €5에
서 €6로 올랐다(아르수아(Arzua) 이후는 €4). 코스가 30km 정
도로 길거나 몸이 좋지 않은 경우에는 무리하지 말고 동키
서비스를 적극 이용하는 것이 좋다. 작은 배낭을 따로 준비
해서 물, 우비, 간식, 여권과 외투만 챙겨서 걸어도 된다.

산티아고, 내 생애 가장 아름다운 33일